普通高等院校"新工科"创新教育精品课程系列教材
教育部高等学校机械类专业教学指导委员会推荐教材

U0180025

机械 CAD/CAM

主　编　李益兵　凌　鹤　郭　钧　黄　浪　庄可佳
副主编　李西兴
主　审　郭顺生　卢　红

华中科技大学出版社
中国·武汉

内 容 简 介

本书系统地介绍了机械 CAD/CAM 的基本原理、关键技术和应用方法,主要内容包括机械 CAD/CAM 概述、工程数据处理技术、计算机图形变换技术基础、机械 CAD/CAM 建模技术、计算机辅助工艺过程设计、数控加工与 CAM 技术、机械 CAD/CAM 集成技术、基于 UG 的 CAD 实例分析和典型零件的 CAM 实例分析。

本书可作为机械类专业的本科生教材,也可作为从事机械 CAD/CAM 技术应用的工程技术人员的培训教材或参考书。

图书在版编目(CIP)数据

机械 CAD/CAM/李益兵等主编. —武汉:华中科技大学出版社,2020.9(2024.8 重印)
ISBN 978-7-5680-6628-0

Ⅰ.①机… Ⅱ.①李… Ⅲ.①机械设计-计算机辅助设计-高等学校-教材 ②机械制造-计算机辅助制造-高等学校-教材 Ⅳ.①TH122 ②TH164

中国版本图书馆 CIP 数据核字(2020)第 180735 号

机械 CAD/CAM	李益兵 凌 鹤 郭 钧 黄 浪 庄可佳 主编
Jixie CAD/CAM	

策划编辑:余伯仲
责任编辑:李梦阳
封面设计:杨玉凡 廖亚萍
责任校对:李 弋
责任监印:周治超
出版发行:华中科技大学出版社(中国·武汉)　　电话:(027)81321913
　　　　　武汉市东湖新技术开发区华工科技园　　邮编:430223
录　　排:华中科技大学惠友文印中心
印　　刷:武汉邮科印务有限公司
开　　本:787mm×1092mm 1/16
印　　张:9.5
字　　数:245 千字
版　　次:2024 年 8 月第 1 版第 2 次印刷
定　　价:39.80 元

普通高等院校"新工科"创新教育精品课程系列教材
教育部高等学校机械类专业教学指导委员会推荐教材

编审委员会

出 版 说 明

为深化工程教育改革，推进"新工科"建设与发展，教育部于 2017 年发布了《教育部高等教育司关于开展新工科研究与实践的通知》，其中指出"新工科"要体现五个"新"，即工程教育的新理念、学科专业的新结构、人才培养的新模式、教育教学的新质量、分类发展的新体系。教育部高等学校机械类专业教学指导委员会也发出了将"新"落实在教材和教学方法上的呼吁。

我社积极响应号召，组织策划了本套"普通高等院校'新工科'创新教育精品课程系列教材"，本套教材均由全国各高校工作在"新工科"教育一线的专家和老师编写，是全国各高校探索"新工科"建设的最新成果，反映了国内"新工科"教育改革的前沿动向。同时，本套教材也是"教育部高等学校机械类专业教学指导委员会推荐教材"。我社成立了以李培根院士、段宝岩院士、杨华勇院士、赵继教授、顾佩华教授为顾问，奚立峰教授、刘宏教授、吴波教授、陈雪峰教授为主任的"'新工科'视域下的课程与教材建设小组"，为本套教材构建了阵容强大的编审委员会，编审委员会对教材进行审核认定，使得本套教材从形式到内容上保持高质量。

本套教材包含了机械类专业传统课程的新编教材，以及培养学生大工程观和创新思维的新课程教材等，并且紧贴专业教学改革的新要求，着眼于专业和课程的边界再设计、课程重构及多学科的交叉融合，同时配套了精品数字化教学资源，综合利用各种资源灵活地为教学服务，打造工程教育的新模式。希望借由本套教材，能将"新工科"的"新"落地在教材和教学方法上，为培养适应和引领未来工程需求的人才提供助力。

感谢积极参与本套教材编写的老师们，感谢关心、支持和帮助本套教材编写与出版的单位和同志们，也欢迎更多对"新工科"建设有热情、有想法的专家和老师加入本套教材的编写。

华中科技大学出版社

2018 年 7 月

前　言

　　机械 CAD/CAM 现已成为企业产品设计与制造过程中不可或缺的关键技术,也是高校机械类、近机械类专业的主要开设课程之一。为适应"新工科"的教育理念,针对机械 CAD/CAM 技术具有的学科交叉、知识密集、综合性和实践性强的特点,结合编者多年的教学经验,本书系统地阐述了机械 CAD/CAM 的基本原理、关键技术和应用方法,旨在帮助读者系统地掌握机械 CAD/CAM 技术的相关知识,提高发现问题、分析问题、综合解决复杂工程问题的能力。

　　全书分为两个部分,共 9 章。第 1 部分为机械 CAD/CAM 的基础知识,包括第 1 章至第 7 章,主要内容有机械 CAD/CAM 概述、工程数据处理技术、计算机图形变换技术基础、机械 CAD/CAM 建模技术、计算机辅助工艺过程设计、数控加工与 CAM 技术、机械 CAD/CAM 集成技术。第 2 部分为机械 CAD/CAM 的应用实例,包括第 8 章和第 9 章,主要内容有基于 UG 的 CAD 实例分析和典型零件的 CAM 实例分析。

　　全书由武汉理工大学李益兵、凌鹤、郭钧、黄浪和庄可佳担任主编,湖北工业大学李西兴担任副主编,由武汉理工大学郭顺生教授和卢红教授担任主审。限于编者水平,书中难免存在不足和疏漏之处,恳请读者批评指教。

编　者

2020 年 6 月

目　　录

第1章 机械 CAD/CAM 概述

现代企业所面临的市场环境正发生着深刻的变化,已由过去传统的、相对稳定的状态逐步演变成动态多变的状态,由过去的局部竞争演变成全球范围内的竞争。制造业全球化竞争不再是单纯的资金实力、产业规模、制造能力等层面的竞争,而是产品设计、产品服务层面的竞争。新一代信息技术与制造业的深度融合,将产生深远的影响,作为产品生命周期前端的产品设计是制造业价值创造的来源,工程设计与制造领域涌现出一系列新的设计方法和技术。

通过本章的学习,掌握机械 CAD/CAM 的基本概念;了解机械 CAD/CAM 系统的组成;重点掌握机械 CAD/CAM 系统的关键支撑技术;对 CAD、CAPP 和 CAM 技术的发展过程有基本的认识,了解典型机械 CAD/CAM 常用软件,并选择一个软件进行实际操作与练习以提升实践能力。

1.1 机械 CAD/CAM 基本概念

一般而言,从设计需求分析开始,经过一系列设计和制造过程,产品从抽象的概念变成最终的产品,其中需求分析、方案论证、分析计算和评价,以及产品信息的传递都可以借助计算机辅助完成,从而帮助设计人员专注于更有创造性的工作,帮助企业将产品形成过程中的若干环节有机连接起来。因此,计算机辅助系统的支持与帮助,推动了产品设计和制造过程的技术变革,促进了现代企业管理的发展。

1.1.1 CAD 技术

有数据统计显示,设计工作的 56% 属于适应性设计,20% 属于参数化设计,只有 24% 属于创新设计。设计人员的大部分时间和精力都消耗在重复性工作或局部小修小改中,因此,利用计算机及其图形设备帮助他们进行产品设计是非常有必要的。

计算机辅助设计(computer aided design,CAD)是指利用计算机硬件、软件系统辅助设计人员对产品进行设计的技术,包括设计、绘图、工程分析与文档制作等活动。从技术角度看,CAD 技术把产品的物理模型转化为存储在计算机中的数字化模型,为后续的工艺、制造、管理等环节提供了共享的信息源。

产品设计从设计需求分析开始,通过问题定义、综合设计、设计优化、结果评价和计算机表示等阶段,以交互的方式在图形终端屏幕上供设计者直接地分析、判断和修改,直至取得理想的结果,输出最终的工程图纸。因此,CAD 系统的主要功能包括几何建模、工程分析、模拟仿真和自动绘图,如图 1-1 所示。

几何建模是工程设计人员通过对问题定义的理解,提供直观的、正确的产品图形,包括零件模型和装配模型等,可以是二维模型,也可以是三维模型。工程分析是对几何模型进行产品

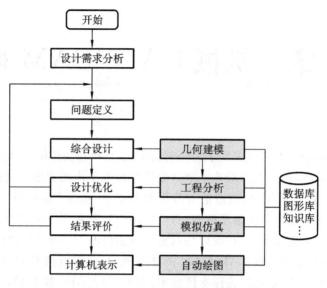

图 1-1　CAD 系统的主要功能

常规设计、优化设计、有限元分析、可靠性分析、动态分析等科学计算。模拟仿真是通过动态仿真的方式为技术人员提供逼真的图像以供其决策。自动绘图则是将 CAD 设计结果及相关文档以工程图或其他方式进行输出。产品设计过程中的信息量非常大,而且信息的形式、属性、关系具有多样性和复杂性,因此,CAD 系统需要数据库技术的支持来进行信息的存储、管理、传递和共享,包括数据库、图形库及知识库等。

1.1.2　CAPP 技术

现代产品的品种越来越多,工艺过程设计也变得越来越复杂。传统的工艺过程设计主要由人工编制,劳动强度大、耗时长,不能有效适应当前市场需求的变化。为了缩短工艺过程设计时间,优化工艺过程设计,迫切需要利用计算机来辅助进行工艺过程设计。

计算机辅助工艺过程设计(computer aided process planning,CAPP)是指借助计算机软硬件技术和支撑环境,利用计算机进行数值计算、逻辑判断和推理,制定零件机械加工工艺过程的技术。CAPP 是企业信息化建设中联系设计和生产的纽带,是将产品设计信息转换为各种加工制造、管理信息的关键环节。CAPP 系统可以解决手工工艺设计效率低、一致性差、质量不稳定、优化难等问题。

传统 CAPP 系统以零件加工工艺编制为主,片面追求工艺决策自动化。现代 CAPP 系统以企业全面集成应用为目标,以交互式为基础,以知识库为核心,利用检索、修订、生成等多种工艺决策技术和人工智能技术,综合考虑包括工艺决策自动化等在内的各种工艺技术问题的研究与开发,快速、高效地帮助设计人员完成工艺设计。

1.1.3　CAM 技术

有数据统计显示,零件在车间的平均停留时间中只有 5% 的时间是在机床上,而在这 5% 的时间中,又只有 30% 的时间用于切削加工。由此可见,零件在机床上的切削加工时间只占零件在车间的平均停留时间的 1.5%。因此,要想提高零件的加工效率,就要缩短零件在车间的停留时间,以及在机床上装卸、调整、测量、等待切削的时间。要想做到这一点就必须综合考虑生产的管理、调度,零件的输送和装卸方法等多方面因素,可通过计算机来辅助安排,从而实现对加工过程的管控。

计算机辅助制造(computer aided manufacturing,CAM)是指利用计算机辅助完成从生产准备到产品制造整个过程的技术,通过直接或间接的方式把计算机与制造过程、生产设备相联系,利用计算机辅助进行制造过程的计划、管理,以及生产设备的控制与操作,处理产品制造过程所需的数据,控制毛坯和零件等物料的流动,以及对产品进行测试和检验等。

CAM 与 CAD 有着密切的联系,CAD 的输出结果常常作为 CAM 的输入信息,两者的区别在于 CAD 偏重于产品的设计过程,CAM 偏重于产品的生产过程。一般来说,CAM 有广义和狭义之分。

(1) 广义 CAM:通常是指利用计算机辅助完成从毛坯到产品制造过程中的直接和间接的各种活动,包括工艺准备、生产作业计划,以及与物流有关的加工、装配、检验、存储、输送等活动的监视、控制和管理。

(2) 狭义 CAM:通常是指数控程序的编制,包括刀具路线的规划、刀位文件的生成、刀具轨迹的仿真、后置处理和 NC 代码生成等。

1.1.4　CAD/CAM 技术

随着 CAD、CAPP 和 CAM 系统的深入应用,人们很快发现,CAD 系统的设计结果不能直接导入 CAPP 系统中,而 CAM 的实现过程又必须以 CAD 模型为基础,这就要求设计人员在 CAD、CAPP 和 CAM 系统中重复地进行图形和文档的转换,既降低了效率,又不可避免地产生一些错误,无形中使企业内部形成了一个又一个信息孤岛。

CAD/CAM 技术就是指通过计算机技术把分散在产品设计和制造过程中孤立的 CAD、CAPP 和 CAM 系统有机地集成起来,结合设计人员的经验、知识及创造性,充分利用计算机的信息处理与存储管理能力,在不同系统之间实现有效数据传递、交换与共享,从而提供一种能覆盖以某类产品为主的、更高效能的设计/制造整体系统的技术。CAD/CAM 系统应具备图形图像处理、几何造型、工程计算分析与优化、模拟与仿真、数据管理与加工、信息的输入和信息的输出等功能。

(1) 图形图像处理功能。CAD、CAPP 和 CAM 系统,都会涉及大量的图形图像处理任务,如坐标变换、裁剪、渲染、消隐处理等,因此,图形图像处理功能是 CAD/CAM 系统必备的基本功能。

(2) 几何造型功能。几何造型是 CAD/CAM 系统的核心,CAD/CAM 作业处理都是在几何造型的基础上进行的,几何造型功能的强弱,在较大程度上反映了 CAD/CAM 系统功能的强弱。

(3) 工程计算分析与优化功能。CAD/CAM 过程会涉及大量的计算或运算,如几何特性和物理特性的计算、应力应变的求解、图形处理的矩阵变换运算、体素间的布尔运算等。CAD/CAM 系统中常用的工程计算方法是有限元法,同时,CAD/CAM 系统应具有优化求解功能,该功能是指在某些条件的限制下,使产品或工程设计中的预定指标达到最优的功能。

(4) 模拟与仿真功能。在 CAD/CAM 系统内部,建立一个实际产品或系统的数字化模型,该数字化模型通过运行仿真软件,代替、模拟真实系统,用于预测产品的性能、制造过程和可制造性。例如,CAM 仿真可以实现零件试切的加工模拟,节约了现场调试可能涉及的人力、物力,降低了加工设备损坏的风险,减少了制造费用。

(5)数据管理与加工功能。CAD/CAM 系统中数据量大、种类繁多,这就要求 CAD/CAM 系统提供有效的管理手段,以支持设计与制造全过程的信息存储、传输与交换。通常,CAD/CAM 系统将工程数据库作为统一的数据环境,用以实现各种工程数据的管理与加工。

(6)信息的输入功能。在 CAD/CAM 系统中,人机接口是用户与系统连接的桥梁。友好的用户界面,是保证用户直接而有效地完成复杂设计任务的必要条件。除了人机交互方式以外,计算机自动采集输入系统的应用也越来越广泛,如加工数据的在线采集、质量数据的采集等。

(7)信息的输出功能。CAD/CAM 系统的信息的输出包括各种信息在显示器上的显示、工程图的输出、各种文档的输出和控制命令输出等。

1.2　CAD／CAM 系统的组成

CAD/CAM 系统是一个人机结合的求解系统,能够将人的创造性思维,判断、推理能力与计算机的运算能力强、存储量大、绘图精确、能准确无误地重复同一操作等优点结合,实现人机交互并各取所长。在 CAD/CAM 系统中,人是关键,机可以分为硬件系统和软件系统,其中硬件是基础,软件是核心,如图 1-2 所示。由于使用要求不同,CAD/CAM 系统中的硬件和软件配置也会有所不同。

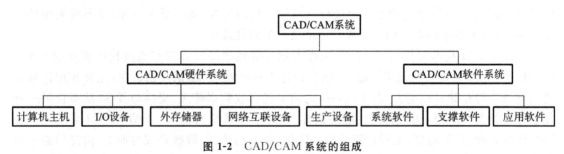

图 1-2　CAD/CAM 系统的组成

1.2.1　CAD/CAM 硬件系统

CAD/CAM 硬件系统主要包括计算机及各种配件、生产设备等。该硬件系统应具有强大的人机交互功能、足够的外存储容量、良好的联网通信功能等。按照计算机硬件及其信息处理方式的不同,CAD/CAM 硬件系统可以分为以大型计算机或小型计算机为主机的系统,以及由工作站或微型计算机构成的系统。

1. 计算机主机

计算机主机通常包括中央处理器(CPU)、内存、硬盘、光驱、电源以及其他输入/输出控制器和接口,如 USB 控制器、显卡、网卡、声卡等。计算机主机是计算机硬件系统的核心,用于指挥、控制整个计算机系统完成运算、分析工作。

位于主机箱内的设备通常称为内设;而位于主机箱外的设备通常称为外设,如显示器、键盘、鼠标、外接硬盘、外接光驱等。计算机主机的类型及性能很大程度上决定了 CAD/CAM 硬件系统的使用性能。通常,主机在装上系统软件及应用软件后,已经是一台能够独立运行的计算机。服务器等有专门用途的计算机通常只有主机,没有其他外设。

2. 输入/输出设备

输入/输出(I/O)设备是外部与计算机进行交互的一种装置,是计算机与用户或其他设备通信的桥梁,也是用户和计算机进行信息交换的主要装置之一。

输入是将各种外部数据转换成计算机能识别的编码的过程,常见的输入设备有键盘和鼠标。随着输入数据量的不断增大,输入效率和质量要求也在不断提升,操纵杆、数字化仪、图形板、光笔、触摸屏、语音输入设备、数据手套、传感器等输入设备也得到了广泛的应用。

输出是将设计的数据、文件、图形、程序、指令等显示、输出或发送给相关的执行设备的过程,常见的输出设备有显示器、打印机、绘图仪、3D 听觉环境系统、语音输出系统、磁记录设备等。

3. 外存储器

计算机存储器可分为内存储器和外存储器。内存储器直接与 CPU 相连,在程序执行期间被计算机频繁地使用,处理信息极快,但存储容量相对较小。

外存储器是指除计算机内存及 CPU 缓存以外的储存器,此类储存器一般断电后仍能保存数据。常见的外存储器有硬盘、软盘、光盘、U 盘、移动硬盘和固态硬盘等。相较于内存储器,外存储器虽然价格便宜、携带方便,但是也存在一些缺点,例如,在数据传输速度方面,外存储器与内存储器的差距就比较大。此外,不同价位、不同质量的外存储器的数据传输速度也有很大的差距。

4. 网络互联设备

为了在更大范围内实现相互通信和资源共享,网络之间的互联便成为快速传达信息的最好方式。网络互联时,必须解决在物理上如何把两种网络连接起来的问题,常见的网络互联设备有中继器、网桥、路由器、接入设备和网关等。

5. 生产设备

CAD/CAM 硬件系统还包括各种生产设备,如机床和加工中心等加工设备、小车和机器人等搬运设备、立体仓库等仓储设备、各种辅助设备等。

1.2.2　CAD/CAM 软件系统

CAD/CAM 软件系统决定着整个 CAD/CAM 系统的使用性能。按照功能的不同,该系统中的软件可以分为系统软件、支撑软件和应用软件。

1. 系统软件

系统软件是为了对计算机进行资源管理、便于用户使用计算机而配置的各种程序,是连接用户与计算机硬件系统的纽带。系统软件为用户使用计算机提供清晰、简洁、易于使用的友好界面,并尽可能地使计算机系统中的各种资源得到充分且合理的应用。

1)操作系统

操作系统位于硬件层之上、所有软件层之下,是最基本、最重要、必不可少的一种系统软件。操作系统主要对计算机系统的全部硬件、软件和数据资源进行统一控制、调度和管理,并为用户使用计算机提供良好的运行环境。从用户的角度看,操作系统是用户与计算机硬件系统的接口;从资源管理的角度看,操作系统是计算机系统资源的管理者。常见的操作系统有 DOS、Windows、UNIX、Linux 和 MacOS X 等。

2) 语言处理程序

程序语言分为低级语言和高级语言。因为计算机仅能理解由 0、1 序列构成的机器语言,所以高级语言需要翻译,即需要将用高级语言或汇编语言编写的程序翻译成某种机器语言,承担这一任务的程序称为"语言处理程序"。语言处理程序的基本方式主要有汇编、编译和解释。

汇编是将用汇编语言编写的源程序翻译成机器指令程序;编译是将用某种高级语言编写的源程序翻译成目标语言程序;解释能够对源程序进行直接解释,也能够将源程序翻译成某种中间代码,然后对中间代码进行解释。通常,编译比解释在时间和空间上都耗费更多,但是,编译的最大优势是一次编译完毕可以多次执行,所以编译的总体效率比解释的总体效率要高。

2. 支撑软件

支撑软件是 CAD/CAM 系统的重要组成部分,是支撑各种软件的设计、开发、测试、评估、运行检测等辅助功能的软件。支撑软件为某一应用领域的用户提供工具或开发环境,不针对具体的应用对象。支撑软件依赖一定的操作系统,是各类应用软件的基础,因此它介于系统软件和应用软件之间。

1) 图形处理软件

图形处理软件是 CAD/CAM 系统中最基础、最重要的支撑软件。图形处理软件既具有较强的计算能力,又具有图形显示或绘图功能。这类软件往往是由硬件厂家提供,受到硬件设备型号的制约,不像程序设计中的高级语言那样具有良好的通用性,因此,一系列图形处理软件标准应运而生,如计算机图形接口标准(computer graphics interface,CGI)、初始化图形交换规范(the initial graphics exchange specification,IGES)、产品模型数据交互规范(standard for the exchange of product model data,STEP)、图形核心系统(graphical kernel system,GKS)等。

2) 数据管理软件

CAD/CAM 系统中会产生大量的数据,由于不同系统具有不同的程序模块,在不同系统之间传递数据时,要确保数据的一致性、安全性和完整性。如何管理和利用这些数据,将直接影响 CAD/CAM 系统的应用水平和工作效率。数据管理软件就是对数据进行分类、编码、存储、检索和维护的系统,是数据处理的中心。目前,主流的数据管理软件有 DB2、Oracle、Microsoft SQL Server、Sybase、Informix、MySQL 等。

3) 网络软件

网络软件一般是指系统的网络操作系统、网络通信协议和应用级的提供网络服务功能的专用软件。网络软件的作用就是根据系统本身的特点、能力和服务对象,配置不同的网络应用系统,为本机用户共享网络中其他系统的资源,或把本机的功能和资源提供给网络中其他用户。因此,给每个计算机网络都制定了一套全网共同遵守的网络协议,并要求网络中每个主机系统配置相应的协议,以确保不同系统之间能够可靠、有效地相互通信和合作。

4) 软件开发环境

软件开发环境(software development environment,SDE)是指在基本硬件和宿主软件的基础上,为支持系统软件和应用软件的工程化开发和维护而使用的一组软件。软件开发环境由软件工具和环境集成机制构成,软件工具用于支持软件开发的相关过程、活动和任务,环境集成机制则用于支持工具集成和软件的开发、维护、管理。

3. 应用软件

应用软件是在系统软件、支撑软件的基础上,针对某一特定应用领域而专门开发的软件。随着 CAD/CAM 技术的发展,国内外不少公司与研究单位先后推出了各种 CAD/CAM 应用软件,这些软件在功能、价格、使用范围等方面有很大的差别。目前,机械 CAD/CAM 应用软件主要有 AutoCAD、UG、Pro/E、SolidWorks、CAXA、CATIA、Inventor、MasterCAM 等。

1.3　CAD/CAM 系统支撑技术

CAD/CAM 系统不仅需要配置硬件系统和软件系统,还需要一系列支撑技术,用以推动 CAD/CAM 技术更深、更广层次的应用,其中具有代表性的支撑技术主要包括数据管理技术、计算机网络技术和成组技术。

1.3.1　数据管理技术

随着计算机技术的发展,在应用需求的推动下,在计算机硬件、软件发展的基础上,数据管理技术经历了人工管理、文件系统和数据库系统 3 个阶段。

20 世纪 50 年代中期之前,计算机主要是用于科学计算的工具,这一时期为人工管理阶段。不同的用户针对不同的求解问题编写不同的求解程序,整理相应程序所需的数据,数据管理完全由用户负责。

20 世纪五六十年代,出现了以磁鼓、磁盘等为代表的直接存取存储设备,操作系统有了专门的数据管理软件,这一时期为文件系统阶段。按照内容、结构和用途的不同,文件系统阶段的数据可以组织成若干不同名称的文件。文件是操作系统管理的重要资源之一,一般为某一用户(或用户组)所有,但也可与指定的其他用户共享。文件系统为用户程序提供一组文件管理与维护的操作功能,包括文件的建立、打开、读写和关闭等。

数据库系统萌芽于 20 世纪 60 年代。当时计算机已经广泛地应用于数据管理,但是对数据共享提出了更高的要求,传统的文件系统已经不能满足人们的需求。数据库系统的出现使信息系统进入以共享的数据库为中心的新阶段,这样既有利于数据的集中管理,又有利于应用程序的研制和维护,提高了数据的利用率和相容性,提高了决策的可靠性。

随着计算机系统硬件技术和互联网技术的发展,数据库系统所管理的数据及应用环境发生了很大的变化,因此数据管理无处不需、无处不在。数据库系统已经成为信息基础设施的核心技术和重要基础。

未来数据管理技术的发展趋势必然是各类技术相互借鉴、融合和发展。数据管理技术的每一个发展阶段都是以数据存储冗余不断减小、数据独立性不断提高、数据操作更加便捷为标志的。如果说从人工管理到文件系统,是计算机开始应用于数据的实质进步,那么从文件系统到数据库系统,就是数据管理技术的质变。

1.3.2　计算机网络技术

世界正进入数字化全连接的智能时代,万物感知、万物互联、万物智能是智能时代的主要特征。以 5G、大数据、人工智能等为代表的新一代信息通信技术,推动制造业从单点、局部的信息技术应用向数字化、网络化和智能化转变。计算机网络技术是通信技术与计算机技术相结合的产物,为异地、异构的 CAD/CAM 系统在企业内部及企业之间的集成提供了技术支持。

计算机网络技术包括计算机和网络两个部分。计算机就是俗称的电脑,而网络就是按照网络协议,将分散的、独立的计算机及生产设备、软件系统相互连接的集合,具有共享硬件、软件和数据资源的功能,以及对共享数据资源集中处理、管理和维护的功能。

为了使不同厂家的计算机相互通信,在更大范围内建立起计算机网络,国际标准化组织在 1978 年提出了"开放系统互连参考模型",即著名的 OSI/RM(open system interconnection/reference model)模型,它将计算机网络体系结构的通信协议划分为 7 层,自下而上依次为物理层、数据链路层、网络层、传输层、会话层、表示层和应用层。

不同用户的数据终端由于采取的字符集可能是不同的,必须要在一定的标准上进行通信,网络协议就是为计算机网络中进行数据交换而建立的规则、标准或约定,目前 TCP/IP 协议已经成为 Internet 中的"通用语言"。

计算机网络技术经历了从简单到复杂、从单机到多机的发展过程,该发展过程大致可以分为 5 个阶段,即面向终端的计算机网络、多台计算机互联的计算机网络、面向标准化的计算机网络、面向全球互联的计算机网络和下一代网络。

计算机网络可以按照不同标准进行分类。例如,按照网络拓扑结构,可以分为星型网、总线网、环形网、树形网和网形网;按照网络覆盖范围,可以分为局域网、城域网和广域网;按照数据传输介质,可以分有线网络和无线网络;按照网络的拥有者,可以分为公用网和专用网等。

1.3.3　成组技术

按照复杂程度的不同,机械产品中零件可以分为简单件、复杂件和相似件三类。这三类零件在机械产品中出现的频数有明显的规律,如图 1-3 所示,机械产品中 5%～10% 的零件属于复杂件,多为决定机械产品性能的重要零件,又称为关键件,这类零件数量不大,但复杂程度较高,制造难度较大,再现性低。机械产品中 20%～25% 的零件属于简单件,这类零件结构简单,再用性高,多数已标准化和已形成大批量生产。除此之外,机械产品中约 70% 的零件属于中等复杂程度的零件,这类零件数量较大,彼此之间存在显著的相似性,由于机械产品中大多数零件属于相似件,因此成组技术(group technology,GT)得到广泛使用。

成组技术就是利用事物间的相似性,按照一定的准则将事物分类成组,对同组事物采用同一方法进行处理,从而提高产品设计、生产准备、零件制造、装配和检验等过程的标准化程度,以获得最大的经济效益的技术。成组技术已成为制造业实现生产现代化不可或缺的基础性技术。

机械产品中零件之间的相似性主要表现在零件结构特征(零件形状、形状要素及其布置、尺寸、精度等)相似性、零件材料特征(零件材质、毛坯、热处理等)相似性和零件制造工艺(加工方法、加工过程、加工设备等)相似性三个方面。结构特征和材料特征是零件固有的,因此称为"一次相似性",而制造工艺取决于零件的结构特征和材料特征,因此称为"二次相似性"或"派生相似性"。

由于企业的产品不同,以及产品的标准化、系列化和模块化水平不同,成组技术在企业中的应用主要包括基于成组的 CAD 系统和基于成组的 CAPP 系统。

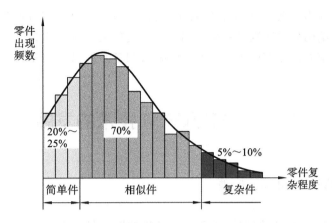

图 1-3　不同复杂程度的零件出现的频数

（1）基于成组的 CAD 系统。由于零件具有相似的形状，可将它们归为设计族，可以通过修改一个现有的同族零件形成一个新的零件，从而提高设计效率和设计质量。基于成组的 CAD 系统过程如图 1-4 所示。

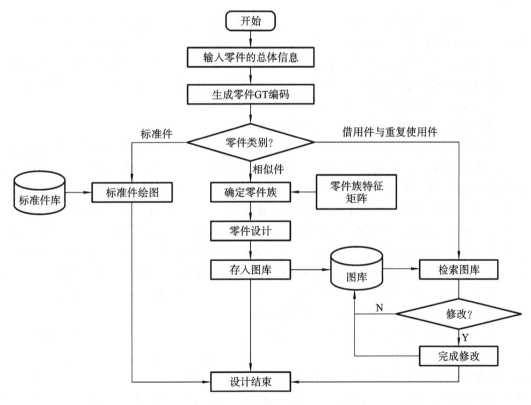

图 1-4　基于成组的 CAD 系统过程

（2）基于成组的 CAPP 系统。根据零件的形状、尺寸、制造工艺的相似性，将零件分类成组，增大零件的工艺批量，采用高效率的工艺方法和装备，实现多品种、中小批量的产品设计、制造和管理。基于成组的 CAPP 系统的关键是分类成组方法，常见的分类成组方法有视检法、生产流程分析法和编码分类法。视检法是一种由具有生产经验的人员通过对零件图纸的阅读和判断，把具有某些特征属性的零件归为一类的方法。生产流程分析法是一种以零件生产流程及设备明细等为依据,通过分析零件生产流程,将工艺过程相近的零件归为一类,以形成加工族的方法。编码分类法则是一种利用零件分类编码系统对零件进行编码的方法,典型的零件分类编码系统有捷克 VUOSO 系统、德国 OPITZ 系统、日本 KK-3 系统和中国 JLBM-1系统等。

1.4　CAD/CAM 技术的发展

1.4.1　CAD 技术的发展

1950 年,麻省理工学院研制的旋风 1 号计算机的图形显示器由阴极射线管组成,可以显示一些简单的图形。20 世纪 60 年代是 CAD 技术的起步时期。1963 年,伊凡·苏泽兰(Ivan Sutherland)开发出一个革命性的计算机程序 Sketchpad,它是最早的人机交互式计算机程序,是计算机图形学的一大突破。由此,掀起了大规模研究计算机图形学的热潮,并出现了 CAD 这一术语。

在 CAD 技术发展初期,CAD 的含义仅仅是图板的替代品,即计算机辅助绘图(computer aided drafting),而不是计算机辅助设计(computer aided design)。CAD 技术中以二维绘图为主要目标的算法在 20 世纪 70 年代末期以后作为 CAD 技术的一个分支而相对独立、平稳地发展。CAD 的每次技术创新,无一不带动了 CAD/CAM/CAE 整体技术的提高及制造手段的更新。CAD 技术极大地促进了工业的发展。

1. 第一次 CAD 技术创新——曲面造型技术

20 世纪 60 年代,三维 CAD 系统仅是极为简单的线框式系统,这种初期的线框式系统只能表达基本的几何信息,不能有效表达几何数据间的拓扑关系。线框式系统由于缺乏形体的表面信息,无法实现 CAM、CAE 等功能。20 世纪 70 年代,为解决飞机和汽车制造过程中的大量自由曲面问题,法国人提出了贝塞尔算法,这种算法使人们用计算机处理曲线及曲面问题变得可行。达索飞机制造公司在二维绘图 CADAM 系统的基础上,开发出以表面模型为特点的自由曲面建模方法,推出了三维曲面造型 CATIA 系统,这是 CAD 的第一次技术创新。CATIA 系统的出现标志着计算机辅助设计技术从单纯模仿工程图纸的三视图模式中解放出来。从此,计算机可完整描述产品零件的主要信息,CAM 技术的开发也有了实现的基础。

2. 第二次 CAD 技术创新——实体造型技术

20 世纪 70 年代末到 20 世纪 80 年代初,得益于计算机技术,CAE、CAM 技术得到较大发展。但是 20 世纪 80 年代初,CAD 系统的价格依然令一般企业望而却步,这使 CAD 技术无法拥有更广阔的市场。以 SDRC、UG 为代表的系统开始朝着不同的方向发展,其中 SDRC 公司于 1979 年发布了世界上第一个完全基于实体造型技术的大型 CAD/CAE 软件 I-DEAS,开发出许多专用分析模块。实体造型技术能够精确表达零件的全部属性,在理论上有助于统一 CAD/CAE/CAM 的模型表达,给设计带来了极大的方便,代表着未来 CAD 技术的发展方向。可以说,实体造型技术的普及标志着 CAD 的第二次技术创新。

3. 第三次 CAD 技术创新——参数化技术

20 世纪 80 年代中期,美国 Computer Vision(CV)公司部分职员成立了美国参数技术公司(parametric technology corporation,PTC),开始研制名为 Pro/E 的参数化软件,第一次实现了尺寸驱动零件设计修改,参数化实体造型方法的主要特点有基于特征、全尺寸约束、全数据相关、尺寸驱动设计修改等。20 世纪 80 年代末,计算机硬件成本大幅下降,CAD 市场变得更加广阔。参数化技术的成功应用,使得它在 20 世纪 90 年代前后几乎成为 CAD 领域的标准,PTC 在 CAD 市场份额排名上也已经名列前茅。可以说,参数化技术的应用主导了 CAD 的第三次技术创新。

4. 第四次 CAD 技术创新——变量化技术

由于 CATIA、UG、I-DEAS 等在原来非参数化模型的基础上开发或集成了许多应用,很难重新开发一套完全参数化的造型系统。考虑到这种参数化的不完整性以及漫长的过渡时期,SDRC 公司的开发人员以参数化技术为蓝本,提出了一种比参数化技术更为先进的实体造型技术——变量化技术,并于 1993 年推出了具有全新体系结构的 I-DEAS Master Series 软件。变量化技术既保留了参数化技术的优点,又克服了参数化技术的缺点,因此,I-DEAS 成为美国福特汽车公司首选的 CAD/CAM 软件。20 世纪 90 年代,随着 PC 硬件的快速发展及 Windows 操作系统的日益垄断,与 Windows 无缝连接、价格低廉、易学易用的中低端 CAD 软件不断涌现。Solid Edge、SolidWorks 等三维 CAD 软件基本上全盘继承变量化技术,并在此基础上作了改进。变量化技术的成功应用,为 CAD 技术提供了更大的发展空间,驱动了 CAD 的第四次技术创新。

5. 第五次 CAD 技术创新——同步建模技术

2008 年,Siemens PLM Software 推出了同步建模技术——交互式三维实体建模。同步建模技术在参数化、基于历史记录建模的基础上前进了一大步。同步建模技术实时检查产品模型当前的几何条件,并且将其与设计人员添加的参数和几何约束合并在一起,以便评估、构建新的几何模型并且编辑模型,无需重复全部历史记录。随着计算机网络化的普及,可视化、虚拟现实化技术的应用使同步化、交互式建模技术进入一个成熟的、突破性的飞跃期。通过智能模型交互操作,同步建模技术的用户不必研究和分析复杂的约束关系,也不必担心编辑的后续模型关联性,降低了用户对嵌入在模型中的永久几何约束的依赖性。同步建模技术从根本上颠覆了用户的设计思维,使产品开发过程发生了根本性变化,引领了 CAD 的第五次技术创新。

1.4.2　CAPP 技术的发展

CAPP 的研究始于 20 世纪 60 年代末期,1965 年,挪威学者 Niebel 首次提出了 CAPP 思想,并于 1969 年推出了第一个 CAPP 系统 AUTOPROS。AUTOPROS 基于成组技术原理,利用零件的相似性检索和修改标准工艺以制定相应的零件工艺规程,1973 年,正式得到商品化应用。1976 年,美国 CAM-I 公司推出颇具影响力的 CAM-I'S Automated Process Planning 系统,成为 CAPP 技术发展史上的里程碑。以上早期的 CAPP 系统采用的都是"标准工艺法",也称为派生式 CAPP 系统。

20 世纪 70 年代中后期,美国普渡大学学者首次提出了基于工艺决策逻辑与算法的创成式 CAPP 概念,并开发出第一个创成式 CAPP 系统原型 APPAS(automated process planning and selection),使得 CAPP 研究进入了一个新的阶段。理想的创成式 CAPP 系统是通过决策逻辑效仿人的思维的,在无需人工干预的情况下自动生成工艺规程,但是这种理想的创成式 CAPP 系统未能实现真正意义上的创成。因此,有人提出了基于综合派生法和创成法的半创成式 CAPP 系统,即在大多数情况下使用派生法,在没有典型工艺规程的情况下使用创成法。半创成式 CAPP 系统被认为是 CAPP 系统最有前途的发展方向之一。

20 世纪 80 年代,研究人员探讨将人工智能、专家系统应用于 CAPP 系统中,促进了以知识基础和智能化为特征的 CAPP 专家系统的研制。目前,已有数百套 CAPP 专家系统问世,如日本东京大学开发的 TOM 系统、英国 UMIST 大学开发的 XCUT 系统及扩充后的 XPLAN 系统等。20 世纪 80 年代中后期,随着集成化、网络化制造在制造领域中的推广应用,集成化的 CAPP 系统,如 AUTOTAP 系统,成为新的研究热点。20 世纪 90 年代,CAPP 系统在体系结构、功能、领域适应性、扩充维护性、实用性等方面成为新的研究热点,如基于并行环境的 CAPP 系统、可重构式 CAPP 系统、CAPP 系统开发工具等。

CAPP 系统作为集成的重要组成部分,已经成为生产制造自动化的关键环节,目前国内外开发的 CAPP 系统都是针对某一具体生产环境开发的,不具有通用性,主要原因是工艺设计对制造环境具有强烈的依赖性。CAPP 系统的应用日益广泛,产品的开发技术不断发展,使企业对工艺信息系统的需求越来越迫切。传统 CAPP 系统局限于制定工艺规程,已经不能满足企业信息化的需求,未来 CAPP 系统必将朝着集成化、网络化、工具化、工程化、智能化和知识化方向发展。

1.4.3 CAM 技术的发展

CAM 作为集成系统的重要一级,向上与 CAD、CAPP 实现无缝集成,向下为数控生产服务。CAM 技术发展至今,在软硬件平台、系统结构、功能特点方面发生了巨大的变化。

早在 20 世纪 50 年代,CAM 技术就出现并得到一定程度的发展。1952 年,MIT 研制出世界上第一台三坐标数控铣,首次实现了数控加工。1953 年,MIT 推出了自动编程工具（automatically programmed tools,APT）,并在计算机上实现了自动编程,形成了早期的 CAM 系统。20 世纪 60 年代是 CAM 技术的初步应用时期,市场上出现了如 FANUC、Siemens 等编程机及部分编程软件。APT 系统结构为专机形式,APT 系统通过人工或辅助方式直接生成数控刀具路径。

目前,CAM 技术已经成为 CAD、CAE 等系统的重要组成部分,可以直接在 CAD 系统建立的三维几何模型上进行加工编程,生成正确的加工轨迹。CAM 系统采用局部曲面的加工方式,编程的难易程度与零件的复杂程度直接相关,而与产品的工艺特征、工艺复杂程度等没有直接关系,其自动化、智能化程度得到了大幅度提高。具有代表性的 CAM 系统有 UG、Pro/E、Cimatron 和 MasterCAM 等。但是,以 CAD 模型的局部几何特征为目标对象的基本处理形式已经成为智能化程度、自动化水平进一步提高的制约因素。可以预见,新一代 CAM 系统将采用面向对象、面向工艺特征的基本处理方式,其结构将独立于 CAD、CAPP 系统而存在,其自动化水平、智能化程度也将得到极大提高。

思考与习题

(1) 什么是 CAD、CAPP、CAM? 什么是 CAD/CAM 技术?

(2) 简述 CAD/CAM 系统中硬件的类型及特点。

(3) CAD/CAM 系统中软件是由哪些部分组成的? 各组成部分在该系统中起什么作用?

（4）CAD/CAM 系统的基本功能和主要任务是什么？

（5）CAD/CAM 的发展趋势如何？

（6）产品研发除了 CAD、CAPP、CAM 系统之外，还有哪些典型的 CAX 系统？请举例说明。

（7）文件系统的特点是什么？

（8）数据库系统的功能及特点是什么？

（9）试分析成组技术的基本原理及应用价值。

（10）CAD/CAM 技术在发展过程中不断融入新技术、新理念和新方法，如人工智能、数字孪生、数据驱动等。试结合专业知识并阅读相关文献，对此进行分析。

（11）作为一名机械工程师，当你走向工作岗位时，试分析一下：如何借鉴所学知识完成所在企业 CAD/CAM 系统配置？

第 2 章　工程数据处理技术

在机械设计过程中，常常需要从工程手册或设计规范中查找有关曲线、表格，以获得设计和校核计算时需要的各种系数或工程数据。工程数据多以数表和线图的形式给出，少以公式的形式给出。对工程数据的处理主要包括对数表和线图的处理。由于人工处理数据费时、费力、容易出错，因此，可以将相关数据程序化，或者先期将相关资料以数据库或文件的形式加以管理，以便在设计时由计算机按要求自动检索和调用。

通过本章的学习，了解并掌握工程数据处理的重要意义；了解常见的工程数据的类型；重点掌握工程数据的处理方法；学会利用计算机，对工程设计中不同形式的数据，采用适当的方式进行处理；了解数据库技术、工程数据库技术和产品数据管理技术的基本原理与方法。

2.1　工程数据的类型

在 CAD/CAM 过程中，需要处理的工程数据种类多、结构复杂。工程数据包括文字、图形和影像等，既有静态数据，又有动态数据。工程数据用于支持产品 CAD/CAM 过程，通常分为通用型数据、设计型数据、工艺型数据和管理型数据。

（1）通用型数据是指产品形成过程中所用到的各种数据资料，如国家标准、行业标准、企业标准、技术规范、产品目录等。通用型数据是相对静态的，即数据是相对稳定的，具有高一致性，即使有变动，通常也只是修改数值。

（2）设计型数据是指产品设计过程中产生的数据，如各种工程图形图表、产品性能分析结果、模拟装配仿真等。设计型数据会在"设计、分析、评价和再设计"的产品设计过程中不断产生，并得到修正，因此具有动态变化性，数据结构也会随着数据类型的变化而变化。

（3）工艺型数据是指在工艺设计和 CAM 过程中所使用、产生的数据。在数据性质方面，工艺型数据可以分为静态数据和动态数据，主要涉及支持工艺规划的相关信息，可对应于工艺设计手册和已规范化的工艺规程等，一般由加工材料、机床设备、工装夹具、刀具、标准工艺规程等数据组成，常采用表格、公式、图形及格式化文本等表示形式。此外，工艺型数据还包括 CAM 过程中产生的数据，如工艺规程、NC 代码、加工仿真过程数据等。

（4）管理型数据是指生产活动各个环节中产生的数据，如与产品的市场需求信息、生产工时定额、物料需求计划、成本核算、销售、市场分析等相关的管理数据。

2.2　工程数据的处理方法

根据工程数据处理的规模，工程数据的处理方法一般有程序化处理、文件化处理和数据库管理三种方法。程序化处理方法和文件化处理方法主要用于处理规模相对较小的工程数据，CAD/CAM 技术在企业中的应用越来越普遍，工程数据的规模越来越大，数据库管理方法已经成为当前工程数据处理的最主要方法,数据库技术部分内容将在 2.3 节具体介绍。

2.2.1　程序化处理

　　程序化处理方法通过编制应用程序对数表、线图进行查询、处理或计算。程序化处理方法主要有 4 种:第 1 种是将数表或线图中的数据离散化,然后存入一维、二维或多维数组中,用查表的方法检索所需数据;第 2 种是将数表或线图中的数据离散化,然后存入一维、二维或多维数组中,用插值的方法计算出所需数据;第 3 种是将数表或线图中的数据拟合成公式,编入计算机程序中,从而计算出所需数据;第 4 种是屏幕直观输出法,将数表或线图中的数据可视化,显示在屏幕上,由用户凭经验自行选定。

1. 数表的处理

　　离散的列表数据称为数表,如经验数表、各种设计标准和规范等设计资料。根据数表中的数据是否有函数关系,数表可以分为简单数表和列表函数表两大类。简单数表中的数据相互独立,如机械设计手册中带传动的包角修正系数 K_α 和包角 α、带长修正系数 K_L。把简单数表的数据存入数组中,通过编制相关程序对这些数据进行处理,这一过程称为数表的程序化。

　　有的数表中的数据存在一定的联系,这类数表称为列表函数表,如平键的尺寸与轴径之间存在一元函数关系,三角带的名义长度与带的类型、计算长度之间存在二元函数关系,齿轮轮齿表面接触疲劳极限与其材料、热处理、表面硬度及可靠性等因素之间存在多元函数关系。通过插值或者拟合等数学方法得到列表函数表中的数学表达式,这一过程称为数表的公式化,然后将这些数学表达式直接编制在程序中。

　　1) 函数插值

　　函数插值的基本思想就是在插值点附近选取若干个合适的连续结点,通过这些结点设法构造一个函数 $p(x)$ 代替原来未知的函数 $f(x)$,插值点的 $p(x)$ 值就是原函数 $f(x)$ 的近似值。常见的函数插值有线性插值、抛物线插值和拉格朗日插值。

　　(1) 线性插值。

　　线性插值又称为一元函数或两点插值。已知插值点 p 的相邻两点 p_{i-1} 和 p_i,用过 p_{i-1} 和 p_i 两结点连线的直线 $p(x)$ 代替原函数 $f(x)$,如图 2-1 所示。根据几何关系,线性插值的一般式为

$$p(x) = \frac{x - x_i}{x_{i-1} - x_i} y_{i-1} + \frac{x - x_{i-1}}{x_i - x_{i-1}} y_i \tag{2-1}$$

　　(2) 抛物线插值。

　　抛物线插值又称为三点插值。如图 2-2 所示,若给定 3 个结点 p_{i-1}、p_i 和 p_{i+1},与线性插值相似,可以构造出二次多项式 $p(x)$,使其满足式(2-2)。通过抛物线插值可以获得比线性插值精度更高的曲线。

$$p(x) = \frac{(x - x_i)(x - x_{i+1})}{(x_{i-1} - x_i)(x_{i-1} - x_{i+1})} y_{i-1} + \frac{(x - x_{i-1})(x - x_{i+1})}{(x_i - x_{i-1})(x_i - x_{i+1})} y_i + \frac{(x - x_{i-1})(x - x_i)}{(x_{i+1} - x_{i-1})(x_{i+1} - x_i)} y_{i+1}$$

$$\tag{2-2}$$

　　(3) 拉格朗日插值。

　　一般地,若已知 $y = f(x)$ 在 $x_0, x_1, \cdots, x_n$ 处的函数值分别为 $y_0, y_1, \cdots, y_n$,如图 2-3 所示,则可以求解一个次数不超过 n 的多项式 $P_n(x)$。其表达式为

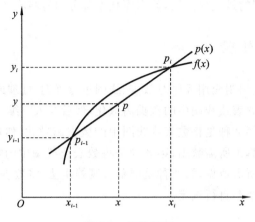

图 2-1　线性插值

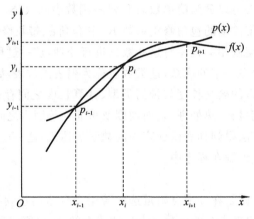

图 2-2　抛物线插值

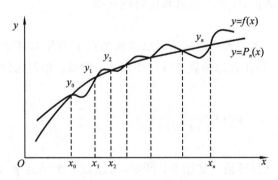

图 2-3　拉格朗日插值

$$P_n(x) = y_0 l_0(x) + y_1 l_1(x) + \cdots + y_n l_n(x) = \sum_{k=0}^{n} y_k l_k(x) \qquad (2\text{-}3)$$

其中

$$l_i(x) = \frac{(x - x_0)\cdots(x - x_{i-1})(x - x_{i+1})\cdots(x - x_n)}{(x_i - x_0)\cdots(x_i - x_{i-1})(x_i - x_{i+1})\cdots(x_i - x_n)} \qquad (2\text{-}4)$$

2）函数拟合

在实际工程问题中，经常需要将一系列测试数据或统计数据转变为近似的公式，这个过程称为函数拟合。函数拟合的曲线不要求严格通过所有的结点,只要求尽量反映数据的变化趋势。因此,函数拟合只能近似地反映参数间的相互关系,误差应控制在允许的范围之内,精度要求过低不能满足设计要求,精度要求过高则会使求解变得困难。

常见的函数拟合有线性方程拟合、对数方程拟合、指数方程拟合、对数指数方程拟合、二次及多次方程拟合等。函数拟合的关键是确定拟合方程中的待定系数,最常用的方法是最小二乘法。

以 O 型带长度系数 K_L 与内周长度 L_i 之间的关系数据为例,见表 2-1,要求输入内周长度时,程序给出相应的长度系数。分别采用线性方程、对数方程、指数方程、对数指数方程、二次方程进行函数拟合,得到式(2-5)～式(2-9)。在 MATLAB 环境下进行拟合曲线对比,结果如图 2-4 所示,理论值 K_L、拟合值 K_L' 与差值 ε 结果对照见表 2-2。

表 2-1　O 型带长度系数 K_L 与内周长度 L_i 之间的关系数据

L_i	450	500	560	630	710	800	900	1 000	1 120	1 250	1 400	1 600	1 800	2 000
K_L	0.89	0.91	0.94	0.96	0.99	1.00	1.03	1.06	1.08	1.11	1.14	1.16	1.18	1.20

$$K_L = 0.835\ 2 + 2.009 \times 10^{-4} \cdot L_i \tag{2-5}$$
$$K_L = -0.403\ 99 + 0.211\ 68 \log L_i \tag{2-6}$$
$$K_L = 0.851\ 9 \exp(1.9 \times 10^{-4} \cdot L_i) \tag{2-7}$$
$$K_L = 0.258\ 73 \cdot L_i^{0.203\ 28} \tag{2-8}$$
$$K_L = 0.722\ 1 + 4.33 \times 10^{-4} \cdot L_i - 9.8 \times 10^{-8} \cdot L_i^2 \tag{2-9}$$

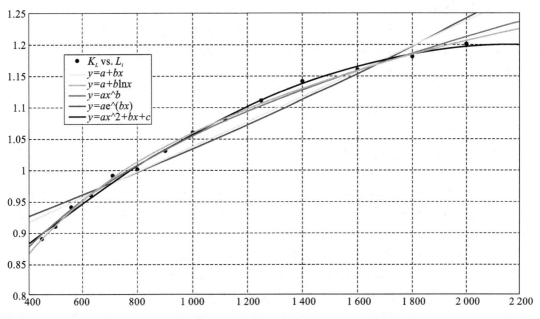

图 2-4　不同方程拟合曲线对比图

表 2-2　理论值 K_L、拟合值 K'_L 与差值 ε 结果对照

L_i	K_L	线性方程拟合		对数方程拟合		指数方程拟合		对数指数方程拟合		二次方程拟合	
		K'_L	ε	K'_L	ε	K'_L	ε	K'_L	ε	K'_L	ε
450	0.89	0.93	−0.04	0.89	0	0.93	−0.04	0.9	−0.01	0.9	−0.01
500	0.91	0.94	−0.03	0.91	0	0.94	−0.03	0.92	−0.01	0.91	0
560	0.94	0.95	−0.01	0.94	0	0.95	−0.01	0.94	0	0.93	0.01
630	0.96	0.96	0	0.96	0	0.96	0	0.96	0	0.96	0
710	0.99	0.98	−0.01	0.99	0	0.97	0.02	0.98	0.01	0.98	0.01
800	1.00	1.00	0	1.01	−0.01	0.99	0.01	1.01	0	1.01	−0.01
900	1.03	1.02	0.01	1.04	−0.01	1.01	0.01	1.03	0	1.03	0
1 000	1.06	1.04	0.02	1.06	0	1.03	0.03	1.05	0.01	1.06	0
1 120	1.08	1.06	0.02	1.08	0	1.05	0.03	1.08	0	1.08	0
1 250	1.11	1.09	0.02	1.11	0	1.08	0.03	1.10	0.01	1.11	0
1 400	1.14	1.12	0.02	1.13	0.01	1.11	0.03	1.13	0.01	1.14	0
1 600	1.16	1.16	0	1.16	0	1.15	0.01	1.16	0	1.16	0
1 800	1.18	1.20	−0.02	1.18	0	1.20	−0.02	1.19	−0.01	1.18	0
2 000	1.20	1.24	−0.04	1.20	0	1.25	−0.05	1.21	−0.01	1.20	0
有差值的个数		11		3		13		9		4	
绝对最大差值		0.04		0.01		0.05		0.01		0.01	
偏差平方和		6.089×10^{-3}		3.74×10^{-4}		8.637×10^{-3}		6.38×10^{-4}		3.45×10^{-4}	

2. 线图的处理

线图作为函数的另一种表示方法,具有直观、形象和生动的特点,能体现函数的变化趋势和规律,如一些设计数据用直线、折线或各种曲线表示。按照线图中数据来源的不同,线图可以分为有计算公式的线图和无计算公式的线图。

有计算公式的线图所表示的各参数之间关系原本就有计算公式,如齿轮的螺旋角计算等。对于这类线图,可以直接使用公式进行计算。

无计算公式的线图又可以细分为直线图、曲线图和区域图。直线图可以采用直角坐标系,如齿轮强度计算时用到的动载系数 K_v 线图,也可以采用对数坐标系,如弯曲强度的寿命系数 Y_N 线图。此外,工程图中的许多物理量往往是离散的、随机的变量,如齿轮材料的接触疲劳强度极限应力,其影响因素很多,因此在国际标准中用区域图来表示。为了满足产品设计的需要,必须对无计算公式的线图进行相应的处理,主要方法有线图的数表化处理、线图的公式化处理和曲线拟合处理。

(1) 线图的数表化处理就是将线图离散化为相应的数表,以一维、二维或多维数组的形式存入计算机,通过数表的处理方法进行数据的检索,如涡轮的齿形系数 Y_2。

(2) 线图的公式化处理就是建立线图的数学公式解析式。直线图的公式化处理是指将线图直接转化为线性方程,再编入程序。区域图的公式化处理一般采用中线取值或者位置取值两种处理方法。

（3）曲线拟合处理就是对线图进行数值拟合，建立线图的近似式，然后通过计算机程序计算并输出所需要的数据，从而实现非离散数据的查找和使用。

2.2.2　文件化处理

利用程序进行数据处理，虽然解决了数表和线图的存储和检索问题，但是数表和线图都与特定的程序相关联，数据只能在特定的程序内使用，不能被其他程序共享。为了克服程序化处理的不足，需要单独建立数据文件，以求将数据和程序分开。文件化处理就是将数据以一定的格式存放于文件中，按照统一的规则和方法来组织和存取数据，如图 2-5 所示。需要数据时，由程序来打开文件并读取数据，数据与程序作了初步的分离，实现了有条件的数据共享。

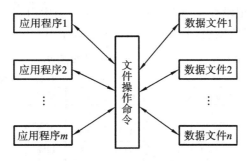

图 2-5　数据文件调用示意

文件是一组具有相同性质和结构的记录的集合，用名字来标识；记录由一系列相关的数据项组成，完整地表示一个处理对象。以文件形式保存的数据独立于应用程序之外，可以供多个应用程序使用。

文件通常包括文本文件和数据文件两种类型。文本文件用于存储行文档案资料，如技术报告、专题分类、论证材料等，可利用任何一种计算机文字处理工具软件建立。数据文件则有自己固定的存取格式，用于存储数值、短字符串数据，可利用字表处理软件建立，但为了便于应用程序的调用，通常使用高级语言中的文件管理功能来实现文件的建立、数据的存取。

按照组织形式和管理方式的不同，文件可以分为顺序文件、索引文件和散列文件等。

（1）顺序文件。

顺序文件是指数据的物理存储顺序和逻辑顺序一致的文件，可以分为无序顺序文件和有序顺序文件。无序顺序文件是指组成文件的记录没有任何次序规律，只是按照写入的先后顺序进行存储。有序顺序文件是指组成文件的记录按照某个关键字递增或递减的顺序进行存储。

顺序文件的查找方法一般包括顺序查找、二分查找、分块查找等方法。顺序查找是在一个已知无序（或者有序）的队列中，逐个比较、查找与给定值相同的数的具体位置。二分查找又称为折半查找，适用于不经常变动而查找频繁的有序（递增）列表，首先与表中间位置的数进行比较，如果等于给定值，则查找成功；如果大于给定值，则在表的左部折半查找；如果小于给定值，则在表的右部折半查找；仅当左部或右部为空时，查找失败。分块查找是折半查找和顺序查找的一种改进方法，分块查找由于只要求索引表是有序的，对块内节点没有排序要求（块内无序，块间有序），因此特别适用于节点动态变化的情况。

（2）索引文件。

由主表与索引表组成的数据文件称为索引文件。索引表用于记录关键字（图 2-6 所示的学号）值与记录的存储位置之间的对应关系，是由系统自动产生的，索引表中的表项按关键字值有序排列。在文件组织中采用索引表的目的是增大查找速度。

索引文件可以分为稠密索引文件、非稠密索引分块文件和多级索引文件。

稠密索引文件的基本数据中的每一个记录在索引表中都占有一项，在稠密索引文件中查找一个记录存在与否的过程是直接查找索引表，如图 2-6 所示。

非稠密索引分块文件是将文件的基本数据中记录分成若干块，块与块之间记录按关键字值有序排列，块内记录是否按关键字值有序排列无所谓，索引表中为每一块建立一项。在非稠密索引分块文件中查找一个记录存在与否的过程是首先查找索引表，确定被查找记录所在块，然后在相应块中查找被查记录存在与否，如图 2-7 所示。当索引文件的索引本身非常庞大时，可以把索引分块，建立索引的索引，形成树形结构的多级索引。

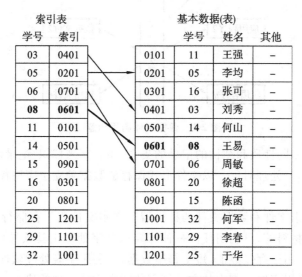

索引表

学号	索引
03	0401
05	0201
06	0701
08	**0601**
11	0101
14	0501
15	0901
16	0301
20	0801
25	1201
29	1101
32	1001

基本数据(表)

	学号	姓名	其他
0101	11	王强	—
0201	05	李均	—
0301	16	张可	—
0401	03	刘秀	—
0501	14	何山	—
0601	**08**	王易	—
0701	06	周敏	—
0801	20	徐超	—
0901	15	陈函	—
1001	32	何军	—
1101	29	李春	—
1201	25	于华	—

图 2-6　稠密索引文件示例

索引表

学号最大值	块索引首地址	块数
08	0401	4
14	0101	2
32	0901	6

基本数据(表)

	学号	姓名	其他
0401	03	刘秀	—
0201	05	李均	—
0701	06	周敏	—
0601	08	王易	—
0101	11	王强	—
0501	14	何山	—
0901	15	陈函	—
0301	16	张可	—
0801	20	徐超	—
1201	25	于华	—
1101	29	李春	—
1001	32	何军	—

图 2-7　非稠密索引分块文件示例

（3）散列文件。

无论是顺序文件，还是索引文件，查找方法都是基于关键字值比较，时间效率主要取决于查找过程中进行的比较次数。散列文件通过构造的散列函数与处理冲突的方法将一组关键字映射到一个有限的连续地址集合上，并以关键字在该集合中的"象"作为记录的存储位置，按照这种方法组织起来的文件称为散列文件，也称为直接存取文件，它可以不经过任何关键字值的比较，或者经过很少的关键字值的比较就能实现数据的查找。

文件化处理虽然具有实现方便、使用效率高、简单、灵活等优点，但是，文件只能表示事物而不能表示事物之间的联系，数据与程序之间仍然存在一定的依赖关系，数据的冗余度大、安全性和保密性差、数据的独立性差，不能有效地实现数据的集中管理。

2.3　数据库技术

数据库技术是研究数据库的结构、存储、设计、管理和应用的一门软学科，是计算机数据库管理技术发展到新阶段的产物，已经成为现代计算机信息系统和应用系统开发的核心技术。

2.3.1　数据与数据模型

数据（data）是数据库中存储的基本对象。用于描述事务的符号记录统称为数据，广义的数据种类很多，如数字、文本、图形、图像、音频、视频等。

数据库（database，DB）是存储在计算机内、有组织、可共享的数据的集合。数据模型是数据库的核心和基础，一般包括层次数据模型、网状数据模型和关系数据模型。

1. 层次数据模型

层次数据模型用树状（层次）结构组织数据，如图 2-8 所示。层次数据模型的主要特点有：

（1）整个模型中有且仅有一个节点没有父节点，其余的节点必须有且仅有一个父节点，但是所有的节点都可以不存在子节点。

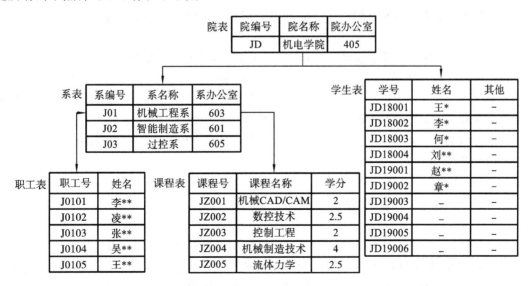

图 2-8　层次数据模型

（2）所有的子节点不能脱离父节点而单独存在，也就是说如果要删除父节点，那么父节点下面的所有子节点都要同时删除，但是可以单独删除一些子节点。

（3）每个记录类型有且仅有一条从父节点通向自身的路径。

2. 网状数据模型

网状数据模型用有向图表示实体和实体之间的关系，可以看作降低层次数据模型约束性的一种扩展，如图 2-9 所示。网状数据模型中所有的节点允许脱离父节点而存在，也就是说在整个模型中允许存在两个或多个没有根节点的节点，同时也允许一个节点存在一个或者多个父节点。因此，节点之间的对应关系不再是一对多（$1:n$）的关系，而是多对多（$m:n$）的关系，从而克服了层次数据模型的缺点。

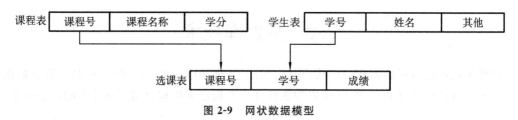

图 2-9　网状数据模型

3. 关系数据模型

关系数据模型用表格表示实体和实体之间的关系，是目前普遍使用的数据模型。支持关系数据模型的数据库管理系统称为关系型数据库系统，主要特征有：

（1）在关系数据模型中，实体和实体之间的关系都被映射成统一的关系，也就是一张二维表。

（2）关系型数据库系统可用于表示实体之间多对多（$m:n$）的关系，此时要借助第三个关系——表来实现多对多的关系。

（3）关系必须是规范化的关系，即符合一定的范式（normal form，NF）。关系模式的范式主要有 4 种：第 1 范式（1NF）、第 2 范式（2NF）、第 3 范式（3NF）和 BC 范式（BCNF），按从左至右的顺序，范式的要求越来越严格。要符合某一种范式必须要符合它前边的所有范式。一般项目的数据库设计达到 3NF 就可以了，而且可根据具体情况适当增加冗余，不必教条般地遵守所谓规范。

（4）关系数据模型定义了实体完整性、参照完整性及用户定义完整性三种约束完整性。

现实世界中的实体是可以区分的，它们具有某种唯一性标志，这种标志在关系数据模型中称为主码（primary key，PK），主码的属性值不能为空，称为实体完整性。同时，在现实世界中存在多个对应关系，称为参照完整性，也就是数据库表中的外键（foreign key，FK）。用户定义完整性是针对某一个具体关系的约束条件，它反映的某一个具体应用所对应的数据必须满足一定的约束条件。

2.3.2　数据库管理系统

数据库管理系统（database management system，DBMS）是位于用户与操作系统之间的一层数据管理软件，基本目标是提供一个方便、有效地存取数据库信息的环境，用于建立、使用和维护数据库，它对数据库进行统一的管理和控制，以保证数据库的一致性、安全性和完整性。

如图 2-10 所示，用户通过 DBMS 访问数据库中的数据，数据库管理员（database

administrator,DBA)通过 DBMS 维护数据库。DBMS 可以支持多个应用程序和用户使用不同的方法在同一时刻或者不同时刻建立、修改和询问数据库。此时,程序和数据彻底独立,用户可以在更高的抽象级别观察和访问数据。

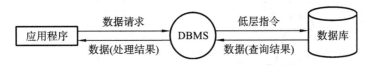

图 2-10　DBMS 集中统一管理和控制

结构化查询语言(structured query language,SQL)是现代数据库体系结构的基本构成部分。SQL 定义了在大多数平台上建立和操作关系型数据库的方法。DBMS 通过 SQL 供用户定义数据库的模式结构与权限约束,实现对数据的增加、修改和删除等操作,包括数据定义语言(data definition language,DDL)、数据操纵语言(data manipulation language,DML)和数据控制语言(data control language,DCL)。

DDL 用于建立和删除数据库以及数据库实体的命令,主要由 CREATE(创建)、ALTER(修改)与 DROP(删除)语法组成。用 DDL 定义数据库结构后,数据库管理者和用户就可以利用 DML 实现对数据的基本操作,DDL 主要由 INSERT(插入)、UPDATE(更新)、DELETE(删除)和 SELECT(选择)语法组成。DCL 用于授予或回收访问数据库的某种特权,控制数据库操纵事务发生的时间及效果,对数据库实行监视等,主要由 GRANT(授权)、DENY(拒绝)和 REVOKE(收回)语法组成。

2.3.3　数据库系统

数据库系统(database system,DBS)本质上是一个用计算机存储信息的系统,是由数据库、数据库管理系统、应用程序和数据库管理员组成的存储、管理、处理和维护数据的系统。

数据库领域公认的标准结构是三级模式结构,三级模式包括外模式、模式和内模式。用户级对应外模式,概念级对应模式,物理级对应内模式,从而使得不同级别的用户对数据库形成不同的视图,如图 2-11 所示。

外模式又称为子模式,是某个或某几个用户所示数据库的数据视图,是与某一应用有关的数据的逻辑表示。用户能够通过外模式描写叙述语言来描写叙述、定义相应于用户的数据记录,也能够利用 DML 对这些数据记录进行处理。外模式体现了数据库的用户观。

模式又称为概念模式或逻辑模式,由 DDL 来描写叙述和定义,是数据库设计者综合全部用户的数据,体现了数据库的总体观。

内模式又称为存储模式,是数据库中全体数据的内部表示或底层描写叙述,它描写叙述了数据在存储介质上的存储方式及物理结构。内模式由内模式描写叙述语言来描写叙述、定义,体现了数据库的存储观。

一个数据库系统仅有唯一的数据库,因此作为定义、描写叙述数据库存储结构的内模式和定义、描写叙述数据库逻辑结构的模式,也是唯一的。但是,建立在数据库系统之上的应用则是广泛的、多样的,相应的外模式不唯一,也不可能唯一。

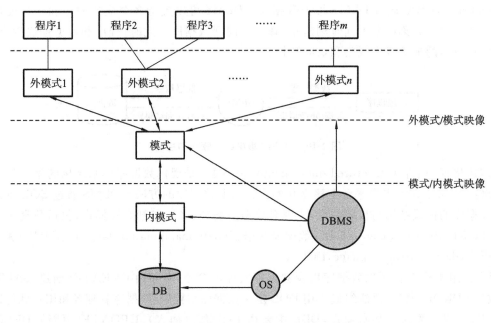

图 2-11　数据库系统的三级模式(两级映像)

2.4　工程数据库技术

工程数据库与传统的数据库有很大差别,工程数据库是指能满足人们在工程活动中对数据处理要求的数据库。在 CAD/CAM 中,一个产品可能由成千上万种数据构成,如果用关系数据模型的表来描述,就需要成千上万张彼此联系的表,这在性能和一致性维护上都非常困难。同时,工程领域的事务描述一个设计过程,持续的时间可达数小时,甚至几个月,这就对数据的恢复和并发控制提出了挑战。

因此,除了数据库的一般功能外,工程数据库必须解决复杂工程数据的表达和处理、大量工程数据的访问效率、数据库与应用程序的无缝接口等问题。理想的 CAD/CAM 系统,应该是在操作系统支持下,以图形功能为基础,以工程数据库为核心的集成系统。从产品设计到工程分析,再到产品制造,整个过程中所产生的全部数据应存储、维护在同一个工程数据库环境中,工程数据库要能够支持复杂数据类型、复杂数据结构,具有丰富的语义关联功能、数据模式动态定义与修改功能、版本管理能力及完善的用户接口等。

在工程数据库的设计过程中,由于传统的数据模型难以满足 CAD/CAM 应用对数据模型的要求,因此需要运用当前数据库研究中的一些新的模型技术,如扩展的关系模型、语义模型、面向对象的数据模型等。

工程数据库技术的发展呈现出数据库技术同多种技术和应用相结合的特点,如面向对象数据库(object-oriented database,OODB)、分布式数据库(distributed database,DDB)和多媒体数据库(multi-media database,MDB),以及实例数据库、知识库、模糊数据库等。

由于工程数据的复杂性和管理的特殊要求,目前还没有特别合适的数据模型来描述工程数据库。实际做法是将传统的数据模型加以扩充以适应工程数据的需要,工程数据库的功能可归纳如下:

（1）支持多种工程应用程序。工程数据库是 CAD/CAM 集成系统的核心，必须支持多种工程应用程序，以适应不断发展的新的应用环境。

（2）支持动态模式修改和扩充。工程数据库必须记载整个过程的全部图形和数据，作为文档保存，以便在工程中修改以及在工程建成后扩充和改建。这种修改、扩充模式的能力，应在设计过程中动态实现，而不要求数据库模式的再编译和数据的重新输入。

（3）支持工程设计的反复迭代。复杂工程问题的解决往往是一个试探、反复和发展的过程，这就要求工程数据库必须适合设计过程中的试探、反复和发展的特点，应允许暂时的、不一致的数据存在，并能进行有效的管理。

（4）支持多用户的分布式处理环境。工程数据库应是一个分布式的数据库管理系统，具有交互式和多用户工作以及并行设计能力，并为所有基本单元系统存取全局数据提供统一的接口标准。

（5）支持多种表示处理。在设计和制造过程中，应用程序往往要利用同一实体的不同表示形式来实现不同的目的。工程数据库要有存储和管理同一形体的多种表示形式的功能，而且要保持这些表示形式之间的一致性。

（6）具有自动维护数据一致性的能力。为了支持工程数据库的应用过程，数据库必须与多种程序语言交互。同时，工程事务处理的周期比较长，中间出现意外错误或人为中断的可能性较高。因此，工程数据库应具备处理工程事务的能力，能有效应对各种环境，具有自动维护数据一致性的能力。

2.5　产品数据管理技术

工程数据的管理任务非常艰巨，单独的工程数据库是无法胜任的。比较合理的办法是划清功能界限，各司其职，开发一些功能相对独立的应用模块，以面向对象技术所提供的分解、组合和继承特性来描述工程数据，实现对数据的层次化管理。基于以上思想，产品数据管理（product data management，PDM）系统应运而生。

PDM 技术以软件技术为基础，以产品为核心，实现对与产品相关的数据、过程、资源一体化集成管理，如图 2-12 所示。PDM 技术继承并发展了计算机集成制造等技术的核心思想，在系统工程思想的指导下，用整体优化的思想对产品设计过程进行描述，规范产品生命周期管理，保持产品数据的一致性和可跟踪性。

PDM 系统进行信息管理的两条主线是静态的产品结构和动态的产品设计流程，所有的信息组织和资源管理都是围绕产品设计展开的，核心思想是设计数据的有序、设计过程的优化和资源的共享。这也是 PDM 系统有别于其他信息管理系统，如管理信息系统（management information system，MIS）、物料需求计划（material requirement planing，MRP）、制造资源计划（manufacturing resources planning，MRP Ⅱ）、企业资源计划（enterprise resources planning，ERP）的关键所在。

PDM 技术最早出现在 20 世纪 80 年代初期，用以解决大量工程图纸、技术文档及 CAD 文件的计算机管理问题。PDM 技术一出现就受到制造企业的极大关注，PDM 的发展经历了纯数据管理的 PDM、应用集成的 PDM、过程集成的 PDM 和跨企业的产品全生命周期管理（product lifecycle management，PLM）的 PDM。

PDM 技术主要应用于产品开发过程中的三个主要领域：设计图纸和电子文档的管理；材

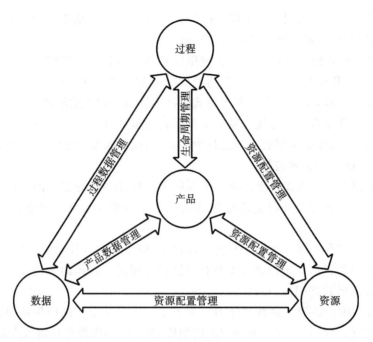

图 2-12　产品、过程、数据和资源的关系

料明细表（bill of material，BOM）的管理及与工程文档的集成；工程变更请求/指令（engineering change request/order，ECR/ECO）的跟踪与管理。

　　目前，商业 PDM 软件有百余种，这些软件虽然各有不同，但是主要功能差别不大，主要有：

　　（1）电子资料库和文档管理。

　　PDM 系统管理整个产品生命周期中与产品有关的所有数据，包括工程设计与分析数据、产品模型数据、产品图形数据、专家知识与推理规则、加工过程数据等。这些数据通过图形文件、文本文件、数据文件、表格文件、多媒体文件等方式存储在计算机中。

　　以电子方式管理数据，企业可以迅速并且安全地操作、控制和存取数据。电子资料库的安全机制使管理员可以定义不同的角色，并赋予这些角色不同的数据访问权限和范围，通过给用户分配相应的角色使数据只能被已授权的用户获取或修改。同时，电子数据的发布和变更必须经过事先定义的审批流程，这样用户得到的总是经过审批的正确信息。

　　（2）产品结构与配置管理。

　　作为产品数据组织与管理的一种形式，产品结构与配置管理以电子仓库为底层支持，以BOM 为组织核心，把定义最终产品的所有工程数据和文档联系起来，实现对产品数据的组织、管理与控制，是 PDM 系统的核心功能之一。

　　PDM 系统通过有效性和配置规则对系列化产品进行管理。有效性分为结构有效性和版本有效性。结构有效性影响的是零部件在某个具体的装配关系中的数量，而版本有效性影响的是对零部件版本的选择。

　　产品配置规则分为结构配置规则和可替换配置规则。按照一定规则向用户或应用系统提供产品结构的不同视图和描述。通过建立相应的产品结构视图，企业不同部门可以按需要形式对产品结构进行组织，也可以分析和控制产品结构的更改对整个企业带来的影响。

　　（3）工作流程管理。

　　PDM 系统的工作流程管理功能可以把企业的管理模式定义到工作流程中，使产品数据通过流程产生、传送和修改，从而对企业的运作方式、工作顺序等进行全面的管控。流程控制的结果是缩短资料传送和处理的时间，改善各个工作步骤之间的衔接条件，使企业中的每一位员工按照事先定义好的企业模板去做信息的处理工作，使企业的管理者能够对各项工作的完成情况进行有效的监督和控制，从而提高企业运作的效率。

一般的工作流程管理包括审批流程管理和更改流程管理，具有传送文档、发送事件通知和接受设计建议等功能，能够保留和跟踪产品在从概念设计、产品开发、生产制造到停止生产的整个过程中的所有历史纪录，以及定义产品从一个状态转换到另一个状态时必须经过的处理步骤。

（4）项目管理。

项目管理是建立在工作流程管理基础之上的一种管理，它对项目的全过程，包括立项、计划、执行、控制和收尾等进行全方位管理。项目管理贯穿于项目的整个生命周期，围绕项目将企业不同职能部门的成员组成一个有机的整体，项目管理者既是项目的领导者，又是项目的执行者，对整个项目及其过程负责。

项目管理的主要任务是根据项目任务制定项目计划、配置资源、安排时间、组织人员、分解并分配任务、核算项目费用及成本等。在项目的实施过程中，项目管理者对相关数据进行管理与调度，对项目运行过程和状态进行监控，对计划执行进行反馈与响应。

（5）分类及检索功能。

PDM 系统需要管理大量的数据，为了较好地使用与维护这些数据，PDM 系统提供了快速、方便的分类技术和检索功能。它与面向对象的技术相结合，将具有相似特性的数据与过程分为一类，并赋予一定的属性和方法，使用户能够在分布式环境中高效地查询文档、数据、零件、标准件等对象。

思考与习题

（1）试述工程数据的定义及类型。

（2）工程数据的处理方法有哪些？各有什么特点？

（3）已知平键和键槽的剖面尺寸（GB/T 1095—2003），见图 2-13 和表 2-3，试用程序化和文件化处理方法对表中的数据进行处理。

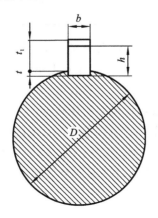

图 2-13　平键和键槽的剖面图

表 2-3　平键和键槽的剖面尺寸

轴径	平键		键槽	
公称直径 D	公称尺寸		轴	毂
	b	h	t	t_1
6～8	2	2	1.2	1.0
>8～10	3	3	1.8	1.4
>10～12	4	4	2.5	1.8
>12～17	5	5	3.0	2.3
>17～22	6	6	3.5	2.8
>22～30	8	7	4.0	3.3
>30～38	10	8	5.0	3.3
>38～44	12	8	5.0	3.3
>44～50	14	9	5.5	3.8

（4）已知齿轮传动强度计算中的使用系数 K_A，见表 2-4，试用程序化处理方法根据原动机工作特性和工作机械载荷特性确定合适的使用系数 K_A。

表 2-4　齿轮传动强度计算中的使用系数 K_A

原动机工作特性	工作机械载荷特性		
	平稳	中等冲击	较大冲击
平稳	1.00	1.25	1.75
轻度冲击	1.25	1.50	2.00 或更大
中等冲击	1.50	1.75	2.25 或更大

（5）已知测量数据的结果，见表 2-5，要求根据结点数据，求解其线性拟合、二项式拟合方程，用最小二乘法确定函数中待定系数。

表 2-5　测量数据的结果

x	0	0.1	0.2	0.3	0.4	0.5	0.6	0.7	0.8	0.9	1.0
y	0.52	0.45	0.40	0.35	0.18	0.02	−0.25	−0.40	−0.81	−1.10	−1.50

（6）何为 PDM 系统，如何理解 PDM 系统与工程数据库的关系？

（7）试述数据、数据库、数据库系统、数据库管理系统的概念及相互关系。

（8）试述文件系统与数据库系统的区别和联系。

（9）试述网状数据模型和层次数据模型的优缺点。

（10）试述数据库、工程数据库和产品数据管理系统的概念，并进行比较。

（11）已知学生信息包括学号、姓名、年龄、所在系；课程信息包括课程号、课程名、先行课；学生与课程之间存在选课关系，学生通过选课后会取得课程考核的成绩。试建立上述描述的关系数据模型，分析三种约束完整性。

第3章 计算机图形变换技术基础

在 CAD/CAM 过程中,通常需要将图形平移到某一位置,或者改变图形的大小和形状,或者利用已有图形生成复杂图形,这种图形处理过程称为图形的几何变换(简称图形变换)。图形变换是计算机图形学基础内容之一。图形变换通常采用矩阵的方法,图形所做的变换不同,变换矩阵也不同。因此,图形变换的实质是对图形上各点的坐标组成的矩阵进行运算。

通过本章的学习,熟悉并掌握计算机图形变换的基础,如坐标系、变换矩阵的概念等;掌握二维图形和三维图形变换的基本原理,会求解图形的变换矩阵,并能通过图形的复合变换生成复杂图形;了解曲线曲面的基本理论及常见曲线曲面的表示方法。

3.1 图形变换基础

计算机图形学中,最常见和最重要的任务之一是转换图形场景中的对象或正在查看场景的摄像机坐标,如位置、方向和大小。通常,图形变换还需要将一个坐标系转换为另一个坐标系,并通过矩阵高效而简捷地处理所有的图形变换过程。

3.1.1 坐标系统

事物的一切抽象概念都是参照其所属的坐标系存在的,同一个事物在不同的坐标系中可用不同抽象概念来表示。坐标系从维度上可分为一维、二维、三维坐标系;从坐标轴之间的空间关系上可分为直角坐标系、极坐标系、圆柱坐标系、球坐标系等。

在计算机图形学中,常用的坐标系有建模坐标系(modeling coordinate system,MCS)、世界坐标系(world coordinate system,WCS)、观察坐标系(view coordinate system,VCS)、规格化设备坐标系(normalized device coordinate system,NDCS)和设备坐标系(device coordinate system,DCS),不同坐标系及其关系示意如图 3-1 所示。

(1) 建模坐标系。当构造单个对象的数字模型时,通常需要将数字模型置于一个特定的坐标系中,该坐标系称为建模坐标系。例如,在创建圆的时候,一般将圆心作为参考点来创建圆周上其他各点,实质上构建了一个以圆心为原点的建模坐标系。

(2) 世界坐标系。由于每一个对象在创建时都有自身的建模坐标系,当将其组合在一起时,为了确定每一个对象的位置及其他对象的相对位置,就必须抛弃每一个对象自身的坐标系(建模坐标系),将其纳入一个统一的坐标系中,该坐标系称为世界坐标系或用户坐标系。世界坐标系主要用于计算机图形场景中的所有图形对象的空间定位和定义,它是一个全局坐标系,坐标原点在屏幕的中心,Z 轴垂直于屏幕指向屏幕外,Y 轴竖直向上,X 轴水平向右。

(3) 观察坐标系。观察坐标系又称为相机坐标系,通常以视点(又称为相机)的位置为原点,通过用户指定的一个向上的观察向量来定义整个坐标系统,主要从观察者的角度对整个世

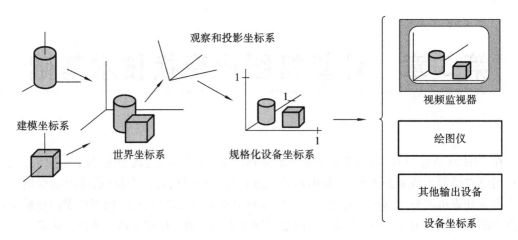

图 3-1 不同坐标系及其关系示意

界坐标系内的对象进行重新定位和描述,从而简化几何形体在投影面成像的数学推导和计算。

(4) 规格化设备坐标系。规格化设备坐标系是为了避免设备相关性而定义的一种虚拟的设备坐标系。规格化设备坐标系的坐标范围一般为 0~1,有的为 -1~+1。采用规格化设备坐标系的好处是屏蔽了具体设备的分辨率,使得图形处理能够尽量避开对具体设备坐标的考虑。实际图形处理时,首先将世界坐标转换成对应的规格化设备坐标,然后将规格化设备坐标映射到具体的设备坐标上。

(5) 设备坐标系。设备坐标系是图形设备上采用的与具体设备相关的坐标系,一般采用整数坐标,其坐标范围由具体设备的分辨率决定。设备坐标系上的一个点一般对应图形设备上的一个像素。由于具体设备的限制,设备坐标系的坐标范围一般是有限的。

3.1.2　窗口视区

在计算机中,窗口是图形的可见部分,是在用户坐标系中定义的用于确定显示内容的一个矩形区域,只有在该区域内的图形才能在设备坐标系下输出,而窗口外的部分则会被裁掉。

在设备(通常是屏幕)坐标系中定义的矩形区域称为视区。视区用于输出窗口中的图形,它决定了窗口中的图形要显示在屏幕上的位置和大小。视区是一个有限的整数域,它应小于或等于屏幕区域,可以在同一屏幕上定义多个视区,以同时显示不同的图形。由于窗口和视区是在不同的坐标系中定义的,因此,把窗口中的图形信息输出到视区之前,需要进行坐标变换,即把用户坐标系的坐标值转化为设备(屏幕)坐标系的坐标值,这个变换过程称为窗口视区变换。

如图 3-2 所示,假设在用户坐标系$(X_{\mathrm{w}}, Y_{\mathrm{w}})$下定义窗口,左下角点坐标$(W_{x\mathrm{l}}, W_{y\mathrm{b}})$,右上角点坐标$(W_{x\mathrm{r}}, W_{y\mathrm{t}})$;在设备坐标系$(X_{\mathrm{D}}, Y_{\mathrm{D}})$下定义视区,左下角点坐标$(V_{x\mathrm{l}}, V_{y\mathrm{b}})$,右上角点坐标$(V_{x\mathrm{r}}, V_{y\mathrm{t}})$。用户坐标系中的点$(x_{\mathrm{w}}, y_{\mathrm{w}})$映射到设备坐标系中的点$(x_{\mathrm{V}}, y_{\mathrm{V}})$,则存在式(3-1)所示的表达式。

$$\begin{cases} x_{\mathrm{V}} = \dfrac{V_{x\mathrm{r}} - V_{x\mathrm{l}}}{W_{x\mathrm{r}} - W_{x\mathrm{l}}} \cdot (x_{\mathrm{w}} - W_{x\mathrm{l}}) + V_{x\mathrm{l}} \\[3mm] y_{\mathrm{V}} = \dfrac{V_{y\mathrm{t}} - V_{y\mathrm{b}}}{W_{y\mathrm{t}} - W_{y\mathrm{b}}} \cdot (y_{\mathrm{w}} - W_{y\mathrm{b}}) + V_{y\mathrm{b}} \end{cases} \tag{3-1}$$

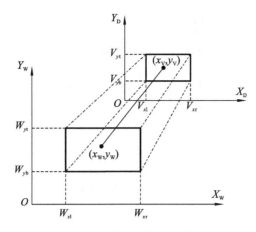

图 3-2　窗口与视区变换

窗口视区变换规则为：

（1）当视区大小不变，窗口缩小或放大时，显示的图形会相反地放大或缩小。

（2）当窗口大小不变，视区缩小或放大时，显示的图形会随之缩小或放大。

（3）当窗口与视区大小相同时，显示的图形大小比例不变。

（4）当视区纵横比不等于窗口的纵横比时，图形会发生伸缩变化。

3.1.3　变换矩阵

点是构成图形的基本要素，对一个图形作几何变换，实际上就是对一系列点进行变换。每种变换都对应一个变换矩阵。为了便于图形变换的计算，通常将图形坐标转换成齐次坐标，也就是将 n 维的向量用 $n+1$ 维向量来表示，如点 (x,y) 的齐次坐标可以表示为 $\begin{bmatrix} x & y & 1 \end{bmatrix}$。

设一个几何图形的齐次坐标矩阵为 $\boldsymbol{A}$，另有一个矩阵 $\boldsymbol{T}$，由矩阵乘法运算可得一新矩阵 $\boldsymbol{B}(\boldsymbol{B}=\boldsymbol{A}\cdot\boldsymbol{T})$。用来对原图形施加坐标变换的矩阵 $\boldsymbol{T}$ 称为变换矩阵。二维图形的变换矩阵 $\boldsymbol{T}$ 为 3×3 阶矩阵，三维图形的变换矩阵 $\boldsymbol{T}$ 为 4×4 阶矩阵。因此，图形变换的主要工作就是求解变换矩阵 $\boldsymbol{T}$。

3.2　二维图形变换

根据坐标的维数，图形变换可以分为二维图形变换和三维图形变换。根据图形变换类型，图形变换可以分为平移变换、旋转变换、比例变换、错切变换、对称变换和复合变换等。

3.2.1　平移变换

在平移变换中，图形中的每个点都按相同的方向移动相同的距离，平移变换后的图形在坐标系中的位置发生变化，而大小和形状不变。如图 3-3 所示，t_x 是水平移动的距离，t_y 是垂直移动的距离，对三角形 ABC 中任意一点 (X,Y) 进行平移变换，得到三角形 $A'B'C'$，则变换后的图形中点的坐标 (X',Y') 满足式（3-2）。

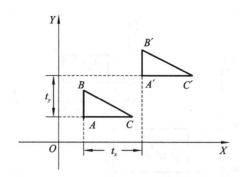

图 3-3 平移变换示意

$$[X' \quad Y' \quad 1] = [X \quad Y \quad 1]\begin{bmatrix} 1 & 0 & 0 \\ 0 & 1 & 0 \\ t_x & t_y & 1 \end{bmatrix} = [X + t_x \quad Y + t_y \quad 1] \tag{3-2}$$

3.2.2 旋转变换

在旋转变换中,一个图形绕旋转中心按给定的方向旋转给定的角度,一般规定,逆时针旋转角度为正,顺时针旋转角度为负。如图 3-4 所示,如果点 (X, Y) 是三角形 ABC 中的任意点,逆时针转动角度 θ,转换后三角形 $A'B'C'$ 中的点 (X', Y') 满足式(3-3)。

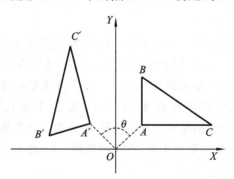

图 3-4 旋转变换示意

$$[X' \quad Y' \quad 1] = [X \quad Y \quad 1]\begin{bmatrix} \cos\theta & \sin\theta & 0 \\ -\sin\theta & \cos\theta & 0 \\ 0 & 0 & 1 \end{bmatrix}$$
$$= [X \cdot \cos\theta - Y \cdot \sin\theta \quad X \cdot \sin\theta + Y \cdot \cos\theta \quad 1] \tag{3-3}$$

3.2.3 比例变换

在数学上,比例变换是将每个坐标 X 乘以一个给定的量,将每个坐标 Y 乘以一个给定的量。也就是说,比例变换会导致对象在 X 轴和 Y 轴方向上的拉伸或收缩。如图 3-5 所示,三角形 ABC 通过比例变换得到三角形 $A'B'C'$,若 S_x 是 X 轴方向上的缩放因子,S_y 是 Y 轴方向上的缩放因子,则变换前后点的坐标满足式(3-4)。

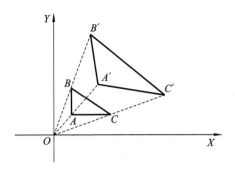

图 3-5　比例变换示意

$$[X'\quad Y'\quad 1] = [X\quad Y\quad 1]\begin{bmatrix} S_x & 0 & 0 \\ 0 & S_y & 0 \\ 0 & 0 & 1 \end{bmatrix} = [X \cdot S_x\quad Y \cdot S_y\quad 1] \tag{3-4}$$

当 $S_x = S_y$ 时,只改变图形大小,不改变形状,这种变化称为均匀比例变换。当 $S_x = S_y > 1$ 时,这种变化称为放大变换,当 $S_x = S_y < 1$ 时,这种变化称为缩小变换,当 $S_x \neq S_y$ 时,图形沿两个坐标轴方向进行非等比变换,这种变化称为非均匀变换。

3.2.4　错切变换

错切变换是一种使物体"倾斜"的基本几何变换,错切包括水平错切和垂直错切两种。水平错切使物体向左(负错切)或向右(正错切)倾斜,垂直错切使物体向上(正错切)或向下倾斜(负错切)。

由图 3-6 可知,正方形 $ABCD$ 沿 X 轴正向错切成平行四边形 $A'B'C'D'$,Y 坐标不变,$b=0$;沿 Y 轴负向错切成平行四边形 $A^*B^*C^*D^*$,X 坐标不变,$c=0$。设变换前点的坐标为(X,Y),经错切变换后点的坐标为(X',Y'),则有式(3-5)。

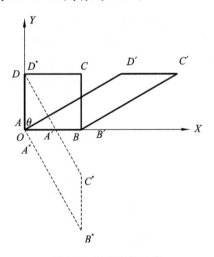

图 3-6　错切变换示意

$$[X'\quad Y'\quad 1] = [X\quad Y\quad 1]\begin{bmatrix} 1 & b & 0 \\ c & 1 & 0 \\ 0 & 0 & 1 \end{bmatrix} = [X+cY\quad bX+Y\quad 1] \tag{3-5}$$

3.2.5　对称变换

对称是自然界中普遍存在的现象之一,二维图形的基本对称包括 x 轴对称、y 轴对称和原点对称。空间内的关于任意一点或任意一条直线的对称变换,都可以转换为关于 x 轴、y 轴或原点的对称变换。常见的对称变换及其变换矩阵见表 3-1。

表 3-1　常见的对称变换及其变换矩阵

	关于 x 轴的 对称变换	关于 y 轴的 对称变换	关于原点的 对称变换	绕通过原点的 $\pi/4$ 角直线	绕通过原点的 $-\pi/4$ 角直线
变换矩阵	$\begin{bmatrix} 1 & 0 & 0 \\ 0 & -1 & 0 \\ 0 & 0 & 1 \end{bmatrix}$	$\begin{bmatrix} -1 & 0 & 0 \\ 0 & 1 & 0 \\ 0 & 0 & 1 \end{bmatrix}$	$\begin{bmatrix} -1 & 0 & 0 \\ 0 & -1 & 0 \\ 0 & 0 & 1 \end{bmatrix}$	$\begin{bmatrix} 0 & 1 & 0 \\ 1 & 0 & 0 \\ 0 & 0 & 1 \end{bmatrix}$	$\begin{bmatrix} 0 & -1 & 0 \\ -1 & 0 & 0 \\ 0 & 0 & 1 \end{bmatrix}$
变换示例					

3.2.6　复合变换

图形变换是复杂的,仅靠一个基本的变换往往无法实现。需要两个或多个基本变换的组合才能获得所需的最终图形,这个过程称为复合变换。假设各个变换矩阵依次为 $T_1, T_2, \cdots, T_n$,则复合变换矩阵为多个基本变换矩阵的级联,即 $T = T_1 \cdot T_2 \cdot \cdots \cdot T_n$。

如图 3-7 所示,试求解三角形 1 绕点 $(4,6)$ 逆时针旋转 $30°$ 的变换矩阵,该复合变换的过程主要包括 3 个步骤。

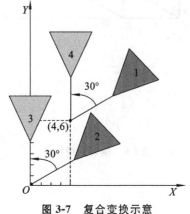

图 3-7　复合变换示意

步骤 1:将点(4,6)移动到原点,三角形 1 平移变换得到三角形 2,变换矩阵记为 T_1;

步骤 2:将三角形 2 绕原点逆时针旋转 30°,旋转变换得到三角形 3,变换矩阵记为 T_2;

步骤 3:将原点移回到点(4,6),则三角形 3 平移变换得到三角形 4,变换矩阵记为 T_3。

值得注意的是,步骤 3 与步骤 1 的平移方向正好相反。

因此,复合变换矩阵 T 可由式(3-6)进行级联计算。

$$T=T_1T_2T_3=\begin{bmatrix} 1 & 0 & 0 \\ 0 & 1 & 0 \\ -4 & -6 & 1 \end{bmatrix}\begin{bmatrix} \cos30° & \sin30° & 0 \\ -\sin30° & \cos30° & 0 \\ 0 & 0 & 1 \end{bmatrix}\begin{bmatrix} 1 & 0 & 0 \\ 0 & 1 & 0 \\ 4 & 6 & 1 \end{bmatrix} \tag{3-6}$$

从二维图形的几何变换中可以看出,图形变换完全依赖于变换矩阵中元素的值。通过上述分析,二维变换矩阵的一般表达式为 3×3 矩阵,如式(3-7)所示,虚线可将 T 分为四个子矩阵。

$$T=\begin{bmatrix} T_{11} & T_{12} \\ T_{21} & T_{22} \end{bmatrix}=\begin{bmatrix} a & b & p \\ c & d & q \\ l & m & s \end{bmatrix} \tag{3-7}$$

T_{11} 主要实现图形的比例、对称、错切、旋转变换;T_{12} 主要实现图形的透视变换(常用于三维图形);T_{21} 主要实现图形的平移变换;T_{22} 主要实现图形的整体变换:当 $s>1$ 时等比例缩小,$0<s<1$ 时等比例放大,$s=1$ 时大小不变。

3.3　三维图形变换

三维图形变换是二维图形变换的简单扩展。与二维图形一样,用适当的变换矩阵也可以准确地表达常见的三维图形变换。

3.3.1　平移变换

空间立体在三维空间中移动,其大小和形状保持不变,这种变化称为平移变换。若 L、M 和 N 分别表示沿 X、Y 和 Z 轴的平移距离,则三维图形变换矩阵可以表示为

$$[X'\ \ Y'\ \ Z'\ \ 1]=[X\ \ Y\ \ Z\ \ 1]\begin{bmatrix} 1 & 0 & 0 & 0 \\ 0 & 1 & 0 & 0 \\ 0 & 0 & 1 & 0 \\ L & M & N & 1 \end{bmatrix}=[X+L\ \ Y+M\ \ Z+N\ \ 1]$$

$$\tag{3-8}$$

3.3.2　旋转变换

旋转变换是将空间立体绕坐标轴旋转一个角度,该角度的正负按右手定则确定:右手大拇指指向旋转轴的正向,其余四个手指的指向即为该角度的正向。

(1)绕 X 轴旋转的变换矩阵。空间立体绕 X 轴旋转,各顶点的坐标 X 不变,坐标 Y 和 Z 发生变化,变换矩阵可以表示为

$$[X' \quad Y' \quad Z' \quad 1] = [X \quad Y \quad Z \quad 1]\begin{bmatrix} 1 & 0 & 0 & 0 \\ 0 & \cos\theta & \sin\theta & 0 \\ 0 & -\sin\theta & \cos\theta & 0 \\ 0 & 0 & 0 & 1 \end{bmatrix} \tag{3-9}$$

（2）绕 Y 轴旋转的变换矩阵。空间立体绕 Y 轴旋转,各顶点的坐标 Y 不变,坐标 X 和 Z 发生变化,变换矩阵可以表示为

$$[X' \quad Y' \quad Z' \quad 1] = [X \quad Y \quad Z \quad 1]\begin{bmatrix} \cos\theta & 0 & -\sin\theta & 0 \\ 0 & 1 & 0 & 0 \\ \sin\theta & 0 & \cos\theta & 0 \\ 0 & 0 & 0 & 1 \end{bmatrix} \tag{3-10}$$

（3）绕 Z 轴旋转的变换矩阵。空间立体绕 Z 轴旋转,各顶点的坐标 Z 不变,坐标 X 和 Y 发生变化,变换矩阵可以表示为

$$[X' \quad Y' \quad Z' \quad 1] = [X \quad Y \quad Z \quad 1]\begin{bmatrix} \cos\theta & \sin\theta & 0 & 0 \\ -\sin\theta & \cos\theta & 0 & 0 \\ 0 & 0 & 1 & 0 \\ 0 & 0 & 0 & 1 \end{bmatrix} \tag{3-11}$$

3.3.3　比例变换

比例变换主要有两种形式:一是对整体图形进行缩放,二是沿各坐标轴分别调节每个坐标的大小。通常,比例变换主要讨论第二种形式,假设沿 X、Y 和 Z 轴调节各坐标大小的比例分别为 S_x、S_y 和 S_z,则三维图形的比例变换矩阵可以表示为

$$[X' \quad Y' \quad Z' \quad 1] = [X \quad Y \quad Z \quad 1]\begin{bmatrix} S_x & 0 & 0 & 0 \\ 0 & S_y & 0 & 0 \\ 0 & 0 & S_z & 0 \\ 0 & 0 & 0 & 1 \end{bmatrix} = [X \cdot S_x \quad Y \cdot S_y \quad Z \cdot S_z \quad 1]$$

$$\tag{3-12}$$

3.3.4　错切变换

错切变换是指空间立体沿 X、Y 和 Z 轴的错切变形,错切变换是画轴测图的基础,按照方向的不同,可以分为 6 种基本变换,如图 3-8 所示,变换矩阵可以表示为

$$[X' \quad Y' \quad Z' \quad 1] = [X \quad Y \quad Z \quad 1]\begin{bmatrix} 1 & a & b & 0 \\ c & 1 & d & 0 \\ e & f & 1 & 0 \\ 0 & 0 & 0 & 1 \end{bmatrix}$$

$$= [X+Y \cdot c+Z \cdot e \quad X \cdot a+Y+Z \cdot f \quad X \cdot b+Y \cdot d+Z \quad 1]$$

$$\tag{3-13}$$

沿 X 轴含 Y 向错切时,$a=b=d=e=f=0$ 且 $c \neq 0$;沿 X 轴含 Z 向错切时,$a=b=c=d=f=0$ 且 $e \neq 0$;沿 Y 轴含 X 向错切时,$b=c=d=e=f=0$ 且 $a \neq 0$;沿 Y 轴含 Z 向错切时,$a=b$

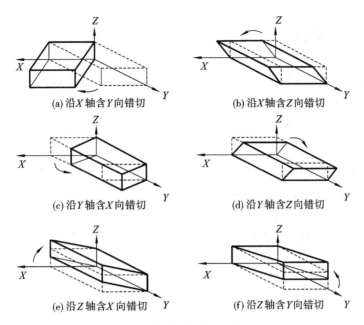

(a) 沿 X 轴含 Y 向错切　　　　　　(b) 沿 X 轴含 Z 向错切

(c) 沿 Y 轴含 X 向错切　　　　　　(d) 沿 Y 轴含 Z 向错切

(e) 沿 Z 轴含 X 向错切　　　　　　(f) 沿 Z 轴含 Y 向错切

图 3-8　三维图形的错切变换示意

$=c=d=e=0$ 且 $f\neq0$;沿 Z 轴含 X 向错切时,$a=c=d=e=f=0$ 且 $b\neq0$;沿 Z 轴含 Y 向错切时,$a=b=c=e=f=0$ 且 $d\neq0$。

3.3.5　对称变换

空间立体的对称变换是相对于坐标平面进行的,主要包括关于 XOZ 平面、XOY 平面和 YOZ 平面的对称变换。

(1) 关于 XOZ 平面的对称变换,坐标 X 和 Z 不变,坐标 Y 变为相反数,变换矩阵为

$$[X'\ \ Y'\ \ Z'\ \ 1]=[X\ \ Y\ \ Z\ \ 1]\begin{bmatrix}1 & 0 & 0 & 0\\ 0 & -1 & 0 & 0\\ 0 & 0 & 1 & 0\\ 0 & 0 & 0 & 1\end{bmatrix}=[X\ \ -Y\ \ Z\ \ 1] \quad (3\text{-}14)$$

(2) 关于 XOY 平面的对称变换,坐标 X 和 Y 不变,坐标 Z 变为相反数,变换矩阵为

$$[X'\ \ Y'\ \ Z'\ \ 1]=[X\ \ Y\ \ Z\ \ 1]\begin{bmatrix}1 & 0 & 0 & 0\\ 0 & 1 & 0 & 0\\ 0 & 0 & -1 & 0\\ 0 & 0 & 0 & 1\end{bmatrix}=[X\ \ Y\ \ -Z\ \ 1] \quad (3\text{-}15)$$

(3) 关于 YOZ 平面的对称变换,坐标 Y 和 Z 不变,坐标 X 变为相反数,变换矩阵为

$$[X'\ \ Y'\ \ Z'\ \ 1]=[X\ \ Y\ \ Z\ \ 1]\begin{bmatrix}-1 & 0 & 0 & 0\\ 0 & 1 & 0 & 0\\ 0 & 0 & 1 & 0\\ 0 & 0 & 0 & 1\end{bmatrix}=[-X\ \ Y\ \ Z\ \ 1] \quad (3\text{-}16)$$

3.3.6　复合变换

如同二维图形的复合变换,三维图形的复合变换也是基本变换的级联。本节以两个例子来具体描述三维图形的复合变换过程。

例 1　相对空间任意点的比例变换。

以任意点 $P_r(x_r, y_r, z_r)$ 为参照进行比例变换,则实现复合变换有 3 个步骤。

步骤 1:将坐标系 $OXYZ$ 平移,使该坐标系的原点与参照点 P_r 重合,变换矩阵记为 $\boldsymbol{T}_{-t}$;

步骤 2:以 P_r 点(此时相当于坐标系的原点)为中心进行比例变换,变换矩阵记为 $\boldsymbol{T}_s$;

步骤 3:将坐标系 $OXYZ$ 再平移回原位置,变换矩阵记为 $\boldsymbol{T}_t$。

最终,图形变换矩阵为上述步骤变换矩阵的级联,如式(3-17)所示。

$$\boldsymbol{T} = \boldsymbol{T}_{-t}\boldsymbol{T}_s\boldsymbol{T}_t = \begin{bmatrix} 1 & 0 & 0 & 0 \\ 0 & 1 & 0 & 0 \\ 0 & 0 & 1 & 0 \\ -x_r & -y_r & -z_r & 1 \end{bmatrix} \begin{bmatrix} S_x & 0 & 0 & 0 \\ 0 & S_y & 0 & 0 \\ 0 & 0 & S_z & 0 \\ 0 & 0 & 0 & 1 \end{bmatrix} \begin{bmatrix} 1 & 0 & 0 & 0 \\ 0 & 1 & 0 & 0 \\ 0 & 0 & 1 & 0 \\ x_r & y_r & z_r & 1 \end{bmatrix}$$

$$= \begin{bmatrix} S_x & 0 & 0 & 0 \\ 0 & S_y & 0 & 0 \\ 0 & 0 & S_z & 0 \\ x_r(1-S_x) & y_r(1-S_y) & z_r(1-S_z) & 1 \end{bmatrix} \tag{3-17}$$

例 2　绕通过坐标原点的任意轴的旋转变换。

如图 3-9 所示,求通过坐标原点的任意轴 OA 旋转 θ 角的旋转变换矩阵。通过分析可知:首先,依次绕 X 轴和 Y 轴旋转 α 角和 β 角,使轴 OA 与 Z 轴重合;然后绕 Z 轴旋转 θ 角;最后,绕 Y 轴和 X 轴反向旋转 β 角和 α 角使轴 OA 回到原来位置。这些基本变换构成的复合变换与所求的变换是等价的。

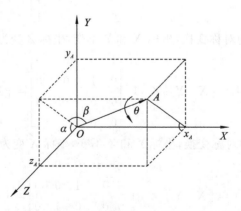

图 3-9　绕通过坐标原点的任意轴 OA 旋转 θ 角的旋转变换

（1）绕 X 轴旋转 α 角的旋转变换矩阵为

$$T_{r,x} = \begin{bmatrix} 1 & 0 & 0 & 0 \\ 0 & \cos\alpha & \sin\alpha & 0 \\ 0 & -\sin\alpha & \cos\alpha & 0 \\ 0 & 0 & 0 & 1 \end{bmatrix} \tag{3-18}$$

式中：$\cos\alpha = \dfrac{z_A}{\sqrt{y_A^2 + z_A^2}}$；$\sin\alpha = \dfrac{y_A}{\sqrt{y_A^2 + z_A^2}}$。

（2）绕 Y 轴旋转 β 角的旋转变换矩阵为

$$T_{r,y} = \begin{bmatrix} \cos\beta & 0 & -\sin\beta & 0 \\ 0 & 1 & 0 & 0 \\ \sin\beta & 0 & \cos\beta & 0 \\ 0 & 0 & 0 & 1 \end{bmatrix} \tag{3-19}$$

式中：$\cos\beta = \dfrac{\sqrt{y_A^2 + z_A^2}}{\sqrt{x_A^2 + y_A^2 + z_A^2}}$；$\sin\beta = \dfrac{x_A}{\sqrt{x_A^2 + y_A^2 + z_A^2}}$，$\beta$ 取负号。

（3）绕 Z 轴旋转 θ 角的旋转变换矩阵为

$$T_{r,z} = \begin{bmatrix} \cos\theta & \sin\theta & 0 & 0 \\ -\sin\theta & \cos\theta & 0 & 0 \\ 0 & 0 & 1 & 0 \\ 0 & 0 & 0 & 1 \end{bmatrix} \tag{3-20}$$

（4）绕 Y 轴旋转 $-\beta$ 角的旋转变换矩阵为

$$T_{r,-y} = \begin{bmatrix} \cos(-\beta) & 0 & -\sin(-\beta) & 0 \\ 0 & 1 & 0 & 0 \\ \sin(-\beta) & 0 & \cos(-\beta) & 0 \\ 0 & 0 & 0 & 1 \end{bmatrix} \tag{3-21}$$

（5）绕 X 轴旋转 $-\alpha$ 角的旋转变换矩阵为

$$T_{r,-x} = \begin{bmatrix} 1 & 0 & 0 & 0 \\ 0 & \cos(-\alpha) & \sin(-\alpha) & 0 \\ 0 & -\sin(-\alpha) & \cos(-\alpha) & 0 \\ 0 & 0 & 0 & 1 \end{bmatrix} \tag{3-22}$$

根据复合变换原理，通过坐标原点的任意轴 OA 旋转 θ 角的三维旋转变换矩阵为所有变换矩阵的级联，即 $T = T_{r,x}T_{r,y}T_{r,z}T_{r,-y}T_{r,-x}$。

同二维图形变换一样，三维图形变换完全依赖于变换矩阵中元素的值，三维变换矩阵的一般表达式为 4×4 矩阵，如式（3-23）所示。

$$T = \begin{bmatrix} T_{11} & T_{12} \\ T_{21} & T_{22} \end{bmatrix} = \begin{bmatrix} a & b & c & p \\ d & e & f & q \\ h & i & j & r \\ l & m & n & s \end{bmatrix} \tag{3-23}$$

在式（3-23）中，T_{11} 主要实现图形的比例、对称、错切、旋转变换；T_{12} 主要实现图形的透视变换；T_{21} 主要实现图形的平移变换；T_{22} 主要实现图形的整体变换。

3.4 曲线曲面基本理论

曲面造型(surface modeling)是计算机辅助几何设计和计算机图形学的一项重要内容,主要研究在计算机图像系统的环境下对曲线曲面的表示、设计、显示和分析。曲面造型是三维造型中的高级技术,也是逆向造型的基础。

3.4.1 曲线表示方法

曲线曲面可以分为初等解析曲面和自由变化的曲线曲面。

(1)初等解析曲面,如平面、圆柱面、圆锥面、球面、圆环面等,大多数机械零件属于这一类,可用画法几何与机械制图方法清楚表达和传递所包含的全部形状信息。

(2)自由变化的曲线曲面,即自由型曲线曲面,如飞机、汽车、船舶的外形零件。自由型曲线曲面因不能用画法几何与机械制图方法表达清楚,因此成为工程师要解决的首要问题。

人们一直在寻求用数学方法唯一定义自由型曲线曲面的形状。在数学表达中,曲线表示分为参数表示和非参数表示,非参数表示又分为显式表示和隐式表示。

(1)显式表示。

对于一个平面曲线,显式表示的一般形式为 $y=f(x)$,一个 x 与一个 y 对应,显式表示计算方便,但无法描述封闭或多值曲线,如圆或球。

(2)隐式表示。

如果一个平面曲线方程表示成 $f(x,y)=0$ 的形式,则为隐式表示。隐式表示的优点是易于判断一个点是否在曲线上。

(3)参数表示。

显式表示或隐式表示都与坐标轴有关,隐式表示不直观,作图不方便,而显式表示会存在多值性。为了克服以上缺点,曲线方程通常采用参数表示,假定用 u 表示参数,平面曲线上任一点 p 可表示为 $p(u)=[x(u),y(u)]$,空间曲线上任一点 p 可表示为 $p(u)=[x(u),y(u),z(u)]$。

参数表示易满足几何不变性要求,即图形不依赖于坐标系的选择,可以对参数方程直接进行几何变换,减小计算量。同时,参数表示易于规定曲线曲面的范围,有更大的自由度来控制曲线曲面的形状。如二维三次曲线显式表示为 $y=ax^3+bx^2+cx+d$,有 4 个系数控制曲线形状,二维三次曲线的参数表示为 $p(u)=[a_1u^3+a_2u^2+a_3u+a_4 \quad b_1u^3+b_2u^2+b_3u+b_4]$,则有 8 个系数控制曲线形状。

3.4.2 曲线曲面理论发展

曲线曲面理论起源于汽车、飞机、船舶、叶轮等产品外形放样工艺。1963 年,美国波音公司的 Ferguson 首先提出将曲线表示为参数的矢函数方法,并引入参数三次曲线,从此曲线的参数形式成为进行形状数学描述的标准形式。1964 年,美国麻省理工学院的 Coons 发表了一种具有一般性的曲面描述方法,给定围成封闭曲线的四条边界就可定义一块曲面,但这种方法存在形状控制与连接问题。

　　1971 年,法国雷诺汽车公司的 Bézier 提出一种由控制多边形定义曲线的新方法,不仅简单易用,而且解决了整体形状控制问题,把曲线曲面的设计向前推进了一大步,为曲面造型的进一步发展奠定了坚实的理论基础。但是,Bézier 方法仍存在连接问题和局部控制问题。

　　1972 年,De-Boor 总结性地提出了一套关于 B 样条的标准算法,1974 年,Gordon 和 Riesenfeld 又把 B 样条理论应用于形状描述,最终提出了 B 样条方法。这种方法继承了 Bézier 方法的优点,克服了 Bézier 方法的缺点,较成功地解决了局部控制问题,又在参数连续性基础上解决了连接问题,从而使得自由型曲线曲面形状的描述问题得到较好解决。

　　随着工业的发展,B 样条方法显示出明显不足,不能精确表示初等解析曲面(如圆),使得曲线曲面没有统一的数学描述形式。1975 年,Versprille 首次提出有理 B 样条方法,后来由于 Piegl 和 Tiller 等人的功绩,非均匀有理 B 样条(non-uniform rational B-spline,NURBS)方法成为现代曲面造型中最为流行的方法。国际标准化组织于 1991 年将 NURBS 方法作为定义工业产品几何形状的唯一数学描述方法,从而使 NURBS 方法成为曲面造型发展中最重要的基础。20 世纪 90 年代,许多图形公司和高端建模软件把 NURBS 交互建模功能开发到自己的产品中,NURBS 方法从理论走向了工业应用。

　　2003 年,Sederberg 等人提出了 T 样条(T-spline)相关理论。T 样条结合了 NURBS 和细分表面建模技术的特点,虽然和 NURBS 很相似,不过它极大地减少了模型表面上的控制点,可以进行局部细分和合并两个 NURBS 面片等操作,使建模操作速度和渲染速度都得到提升,把曲线曲面建模推向了新的高度。现在流行的建模软件已有 T 样条建模插件,如 3DS Max 等。

　　经过多年的发展,曲面造型形成了以有理 B 样条曲面为基础的参数化特征设计和隐式代数曲面表示这两类方法为主体,以插值、拟合、逼近三种手段为骨架的几何理论体系。

　　随着几何设计对象的多样性、特殊性和拓扑结构的复杂性日益明显,以及硬件设备与算法的日益完善,曲线曲面理论得到了长足的发展,主要表现在研究领域的急剧扩展和表示方法的开拓创新。从研究领域来看,曲面造型研究已从传统的曲面表示、曲面求交和曲面拼接,扩展到曲面变形、曲面重建、曲面简化、曲面转换和曲面等距性等。从表示方法来看,以网格细分(subdivision)为特征的离散造型与传统的连续造型相比,大有后来居上的创新之势。

3.4.3　贝塞尔曲线

　　贝塞尔曲线(Bézier curve)是应用于二维图形应用程序的曲线,由数据点和控制点组成。数据点是指曲线的起始点和终止点,控制点则决定了曲线的弯曲轨迹,通过改变控制点坐标可以改变曲线的形状。1962 年,法国数学家 Pierre Bézier 第一个研究了这种矢量绘制曲线的方法,并给出了详细的计算公式。

　　根据控制点的个数,贝塞尔曲线可以分为一阶贝塞尔曲线(0 个控制点)、二阶贝塞尔曲线(1 个控制点)、三阶贝塞尔曲线(2 个控制点)。一条简单的三阶贝塞尔曲线 C 的起始点和终止点分别为 P_0 和 P_3,控制点为 P_1 和 P_2,这 4 个点共同构成多边形 P,如图 3-10 所示。

　　贝塞尔曲线上对应于参数 t 的点 $B(t)$ 是所有点的一个加权和,如式(3-24)所示,这意味着曲线上每个点都受到控制点的影响。

$$B(t) = P_0(1-t)^3 + 3P_1 t(1-t)^2 + 3P_2 t^2(1-t) + P_3 t^3, t \in [0,1] \qquad (3-24)$$

贝塞尔曲线使用给定次数的多项式函数,所得曲线具有以下特性:

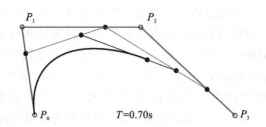

图 3-10　具有控制多边形 P 的三阶贝塞尔曲线 C

（1）曲线从起始点开始，在终止点结束，并与多边形首末两边相切于起始点和终止点，但通常不与内部控制点交叉；

（2）控制点对曲线具有整体控制性；

（3）曲线始终在控制多边形的凸包内部，它比特征多边形更趋于光滑。

3.4.4　NURBS 曲线

在生产实践中如果需要构造复杂图形，通常需要多条曲线连接，由于贝塞尔曲线的阶数与控制点数量是对应的，因此单条曲线如果要更大的自由度必须提高阶数，这会给计算效率和数值稳定带来问题。

B 样条曲线是由贝塞尔曲线分段组成的，在继承贝塞尔曲线优点的同时，克服了其因整体表示而不具有局部性质的缺点，解决了在描述复杂形状时的连接问题。B 样条曲线尽管很灵活，但不能表示最简单的曲线，如圆和椭圆等。为了解决这个问题，使用齐次坐标将 B 样条曲线推广为有理 B 样条曲线。

NURBS 曲线，即非均匀有理 B 样条曲线，是在一组（多个）区间上分别定义的贝塞尔曲线，在概念上相当于分段定义函数。NURBS 的特殊之处在于，用户不需要维护分段之间的连续性，n 阶 NURBS 曲线天然拥有直到 C^{n-1} 级的连续性。因此，NURBS 曲线功能强大，允许在比较低的阶次下作出复杂的图形。

NURBS 曲线对参数定义域进行分割，这些分割的参数称为曲线的节点，如图 3-11 所示，6 个点将曲线分割为 5 个部分，每个部分均为一条贝塞尔曲线。可以说，NURBS 是几何设计的工业标准，无论对于解析型曲线，如圆、圆锥曲线等，还是对于自由构型曲线，都有统一的数学表达形式，可以采用 NURBS 设计非常复杂的几何形体，并且 NURBS 涉及的算法可以方便地在计算机上实现，执行效率和数值稳定性都很高。NURBS 曲线涵盖整个曲线族，是 B 样条曲

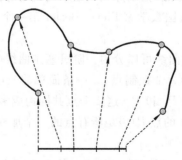

图 3-11　NURBS 曲线示意

线、贝塞尔曲线的更为一般的形式。虽然 NURBS 曲线相对简单,但由于存在大量控制点,NURBS 曲面要难得多,因此,许多应用程序提供了各种简化和限制其功能的方法。

思考与习题

(1) 曲线参数表示的特点有哪些?

(2) 空间一点 P 的齐次坐标为 $(8,6,2)$,分析 P 点的空间坐标。

(3) 将矩形左下角点 $(1,1)$、右上角点 $(3,5)$ 的窗口映射到规格化设备的全屏幕视区,视区坐标左下角为 $(0,0)$,右上角为 $(0.5,0.5)$。试写出实现上述映射的规格化变换。

(4) 将顶点为 $(0,0)$、$(0,1)$、$(1,1)$ 和 $(1,0)$ 的单位正方形变换成顶点分别为 (a,b)、$(c,b+h)$、$(c,d+h)$ 和 (a,d) 的平行四边形,其中,$c>a,d>b$。试推导其变换矩阵。

(5) 已知空间点 $M(3,-1)$,平面图形的各个顶点分别为 $A(-1,2)$、$B(1,4)$、$C(3,3)$、$D(1,2)$、$E(2,1)$。将该图形绕 M 点顺时针旋转 $90°$,然后以 M 点为缩放中心,按缩放因子均为 2 进行缩放,试计算变换后图形的各顶点坐标。

(6) 试推导平面上任意点相对于直线 $y=ax+b$ 的对称变换矩阵。

(7) 阅读相关文献,试解释曲面重建、曲面变形的基本原理。

(8) 自由设计一个曲线外形,用三阶贝塞尔曲线描述,并上机实现过程。

(9) 阅读相关文献,试对曲面造型的发展进行总结与比较。

第4章　机械CAD/CAM建模技术

建模是计算机图形学中各项工作的基础和前提,建模的核心是根据研究对象的三维空间信息构造其立体模型,尤其是几何模型,并利用相关建模软件或编程语言生成该模型的图形显示,然后对其进行处理。在机械CAD/CAM中,直接使用建模技术来构造设计对象模型,不仅使设计过程直观、方便,还为后续的应用提供了有关产品的信息描述与表达方法,对保证产品数据的一致性和完整性提供了技术支持。

通过本章的学习,掌握几何建模的基本概念、典型建模方法的基本原理、特点;重点掌握线框模型、曲面模型、实体模型、特征模型等建模方法的原理及特点;能根据物体的结构形状分析产品的建模过程;掌握用主流CAD/CAM软件实现产品的几何建模的方法。

4.1　几何建模

几何建模是在20世纪70年代中期发展起来的,它是一种通过计算机表示、控制、分析和输出几何形体的技术,将CAD/CAM技术推向了一个新阶段。几何建模的形体描述和表达建立在几何信息和拓扑信息的处理基础之上,一般把线框模型、曲面模型和实体模型统称为几何模型。

4.1.1　几何建模过程

首先,设计人员对现实世界中的物体进行分析和抽象描述,从符号形式演进到几何形式来构建想象模型,记录设计早期阶段抽象的设计意图;然后,通过点、线、面和体表示不同抽象层次的几何信息,并采用统一的表示方法,将想象模型格式化为信息模型;最后,将抽象的几何设计要素及其相互关系、产品属性等具体的信息加入信息描述,构建计算机表示的数字化模型,如图4-1所示。因此,几何建模过程实质上就是一个描述、处理、存储、表达现实物体及其属性的过程。

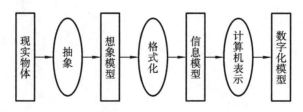

图4-1　几何建模过程

4.1.2　基本术语

在产品设计制造过程中,需要从不同的角度来描述和表达产品的有关信息。这些信息主要包括几何信息、拓扑信息、物理信息、功能信息和工艺信息等。与几何模型有关的信息主要包括几何信息与拓扑信息。

1. 几何信息

几何信息是指构成三维形体的各个几何元素在欧氏空间中的位置和大小,可以用数学表达式进行定量地描述,通过不等式可对其边界范围加以限制。最基本的几何信息有点、线、面。

点一般用坐标表示,如 $O(x,y,z)$。

任意一条直线,可用其两个端点的空间坐标进行定义,如 $(x-x_0)/A=(y-y_0)/B=(z-z_0)/C$。

面有平面和曲面之分,平面以有序边棱线的集合进行定义,曲线和曲面则主要通过解析函数、自由曲线或者曲面表达式进行定义。平面可以表示为 $ax+by+cz+d=0$,对于一些复杂的曲线曲面,可以用参数方程表示,如贝塞尔曲面、B 样条曲面等。

但是,只有几何信息,几何模型难以准确地表示物体,常常会出现物体表示上的二义性,可能产生不同的理解。为了确保描述物体的完整性和数学的严密性,几何模型必须同时给出几何信息和拓扑信息。

2. 拓扑信息

拓扑信息是指物体的拓扑元素(点、边、面等)的个数、类型以及它们之间的相互关系信息。多面体的拓扑元素存在 9 种拓扑关系,如图 4-2 所示。

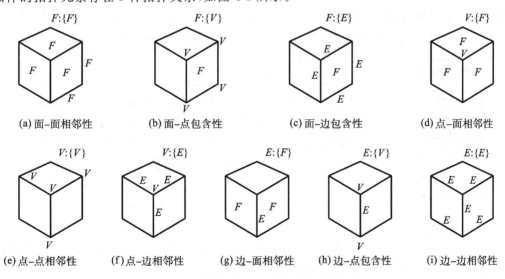

图 4-2　多面体的拓扑元素存在的 9 种拓扑关系

(1) 面与面的连接关系(面与面的相邻性),如图 4-2(a)所示;

(2) 面与点的组成关系(面与点的包含性),如图 4-2(b)所示;

(3) 面与边的组成关系(面与边的包含性),如图 4-2(c)所示;

(4) 点与面的隶属关系(点与面的相邻性),如图 4-2(d)所示;

(5) 点与点的连接关系(点与点的相邻性),如图 4-2(e)所示;

（6）点与边的隶属关系（点与边的相邻性），如图 4-2(f)所示；

（7）边与面的隶属关系（边与面的相邻性），如图 4-2(g)所示；

（8）边与点的组成关系（边与点的包含性），如图 4-2(h)所示；

（9）边与边的连接关系（边与边的相邻性），如图 4-2(i)所示。

在计算机处理中，常用链表的数据结构记录几何信息和拓扑信息，即建立顶点表、棱边表、面表和体表。

顶点表仅记录顶点的序号及坐标，顶点表中的数据反映了结构体的大小和空间位置，并在指针域中存放该顶点的前一顶点的指针和后一顶点的指针。

棱边表反映了结构体的棱边与顶点、棱边与面之间的邻接关系，它存放构成棱边的顶点序号、相交生成棱边的面的序号及指向前后棱边的指针。

面表反映了结构体的面与棱边、面与顶点之间的邻接关系，它存放定义每个面的顶点序号，因此面表确定了面与定义面的各顶点之间的关系。

体表中存放各个面在面表中的首地址及某些属性。

3. 非几何信息

几何信息和拓扑信息以外的用于描述和表达产品的信息统称为非几何信息，如质量、性能参数、公差、加工粗糙度和技术要求等信息。要实现 CAD、CAPP 和 CAM 的完全集成，CAD系统必须为后续 CAPP、CAM 系统提供非几何信息。

4.1.3 形体的表示

任一形体可由点、边、环、面、壳、体等具有一定数量的不同的几何元素构成，各几何元素之间的连接关系可能是相交、相切、相邻、垂直和平行等。这种由点、边、环、面、壳、体等形成的层次结构，实际上反映了形体的拓扑信息，形体几何元素的层次结构如图 4-3 所示。

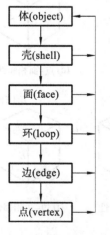

图 4-3　形体几何元素的层次结构

1. 点

点是几何模型中最基本的元素，任何形体都可以用有序的点集表示。从拓扑关系上看，点是边的端点，通常所说的点包括端点、交点、切点、顶点和孤立点等。在自由曲线及曲面中，还常用到控制点、型值点和插值点。需要注意的是，点一般不能独立存在于实体内部、实体外部，以及面和边的内部。

2. 边

边是两个邻面的交线，直线边由两个端点确定，曲线边则由一系列型值点或控制点描述，也可以用曲线方程表示。边是一个矢量，具有方向性。一般规定逆时针方向为正向。在相邻的两个面中，边的方向是相反的。

3. 环

环是由有序的、有向的边构成的面的封闭边界，有内环和外环之分。确定面最大外边界的环为外环，外环的方向由边的逆时针走向确定。确定面中内孔或凸台等边界的环为内环，内环与外环的方向相反，内环的方向由边的顺时针走向确定。由此可知，在面上沿着一个环前进时，环的左侧指向面内，环的右侧指向面外，如图 4-4 所示。另外，环中各边不能自交，环的相邻两边共享一个端点。

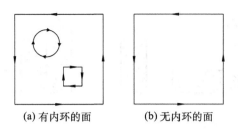

(a) 有内环的面　　　(b) 无内环的面

图 4-4　环、面的方向性

4. 面

面是形体上一个有限的、非零的单连通区域,可以对应几何意义上的平面、圆柱面、直纹面、二次曲面和三次曲面等。从拓扑结构上看,面由一个外环和若干内环包围而成。面可以无内环,但必须至少有一个外环以确定面的外边界。在面面求交、交线分类、真实图形显示等应用中要区分面的方向,一般用外法矢方向作为面的正向,面的正向是指向形体外部且与面正交的方向。

5. 壳

壳是构成一个完整实体的封闭边界,是形成封闭的单一连通空间的一组面的集合。一个连通的物体由一个外壳和若干个内壳构成。

6. 体

形体,简称体,是由有限个封闭的边界面围成的非零空间区域,即三维空间中非空的、有界的封闭子集,其边界是有限面的并集。

4.1.4　正则形体

为保证几何模型的可靠性和可加工性,要求形体上任意一点的足够小的邻域在拓扑上是一个等价的封闭圆,即围绕该点的形体邻域在二维空间中可构成一个单连通域,满足这一条件的形体称为正则形体,否则称为非正则形体。图 4-5 所示为非正则形体的实例。

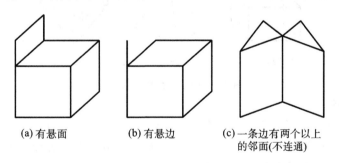

(a) 有悬面　　　(b) 有悬边　　　(c) 一条边有两个以上
　　　　　　　　　　　　　　　　　的邻面(不连通)

图 4-5　非正则形体的实例

正则集合运算是构造形体的基本方法,主要包括正则并、正则交和正则差,如图 4-6 所示。正则形体经过正则集合运算后,可能会产生悬边、悬面等低于三维的形体。但是,这些信息在很多应用中是有用的,不能丢弃,这就要求几何造型系统能够表示边、面等低于三维的形体。也就是说,几何造型系统要能够处理非正则形体。基于约束的参数化、变量化造型和支持线框、曲面、实体统一表示的非正则形体造型技术已成为几何造型技术的主流技术之一。

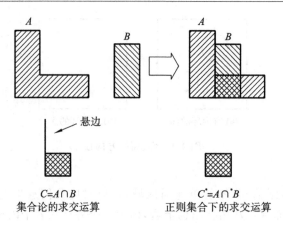

集合论的求交运算 $C=A\cap B$

正则集合下的求交运算 $C^*=A\cap^* B$

图 4-6 正则集合运算

4.1.5 欧拉公式

形体的表面由一系列基本几何元素组合而成,而这些几何元素之间的拓扑关系应满足一定的约束条件。为了保证几何建模过程中每一步产生的中间形体的拓扑关系都是正确的,即检验形体描述的合法性和一致性,欧拉提出了描述形体的几何分量和拓扑关系的检验公式。

1. 简单多面体

对于任意一个多面体,如六面体,假定它的面是用橡胶薄膜做成的,如果向六面体内充气体,那么其表面就会产生连续(不破裂)变形,最后变为一个球面。像这样,表面通过连续变形变为球面的多面体称为简单多面体。简单多面体是指与球具有拓扑等价的多面体,无孔、无槽,如长方体、三棱锥、球体等。简单多面体的顶点数 V、边数 E 及面数 F 之间的欧拉关系为 $V-E+F=2$,如图 4-7 所示。

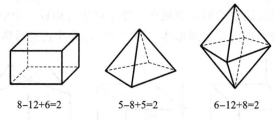

8-12+6=2   5-8+5=2   6-12+8=2

图 4-7 简单多面体欧拉校验

2. 一般多面体

一般多面体是指含有孔、槽的多面体,欧拉公式为 $V-E+F-L=2(B-G)$,如图 4-8 所示。在欧拉公式中,V 为顶点数,E 为边数,F 为面数,L 为多面体表面上的内环数,B 为互不相连的多面体数,G 为多面体上的通孔数。

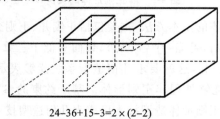

24-36+15-3=2×(2-2)

图 4-8 一般多面体欧拉校验

4.2　线 框 建 模

线框建模是 CAD 领域中最早用来表示形体的建模方法。线框模型是二维工程图的直接延伸,利用线框模型,可以快速生成三视图,生成任意观察方向的透视图及轴测图,保证视图之间正确的投影关系。

4.2.1　线框建模的原理

线框建模是利用基本元素来定义设计目标的棱线部分而构成的立体框架图,线框建模生成的几何模型由一系列的直线、圆弧、点及自由曲线组成,用于描述产品的轮廓外形。线框建模的数据结构是表结构,在计算机内部存储的是形体的点、边信息。

1. 二维线框建模的边式系统

二维线框建模的边式系统只描述轮廓边,没有定义面。其数据结构在计算中主要用两张二维的表来表示,如图 4-9 所示。图 4-9(a)所示为二维图形,图 4-9(b)所示为该图形的数据逻辑结构,图 4-9(c)所示为顶点坐标表,图 4-9(d)所示为边顶点关系表。

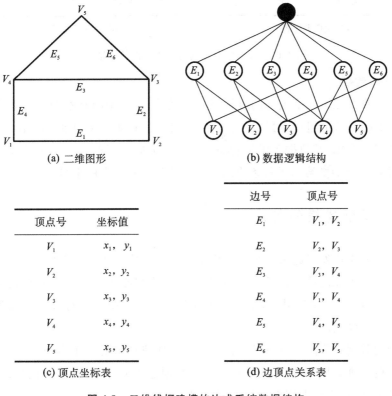

(a) 二维图形　　　　　(b) 数据逻辑结构

顶点号	坐标值
V_1	x_1, y_1
V_2	x_2, y_2
V_3	x_3, y_3
V_4	x_4, y_4
V_5	x_5, y_5

(c) 顶点坐标表

边号	顶点号
E_1	V_1, V_2
E_2	V_2, V_3
E_3	V_3, V_4
E_4	V_1, V_4
E_5	V_4, V_5
E_6	V_3, V_5

(d) 边顶点关系表

图 4-9　二维线框建模的边式系统数据结构

2. 二维线框建模的面式系统

二维线框建模的面式系统是将封闭轮廓边包围的范围定义为平面,如图 4-10 所示。图

4-10(a)所示为二维图形,图 4-10(b)所示为该图形的数据逻辑结构,图 4-10(c)所示分别为矩形和三角形的顶点坐标表,图 4-10(d)所示分别为矩形和三角形的边顶点关系表。

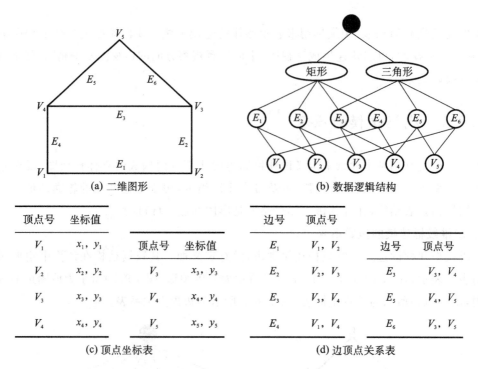

图 4-10　二维线框建模的面式系统数据结构

3. 三维线框建模

三维线框模型是二维线框模型的直接拓展和延伸,用三维的基本图形元素来描述和表达物体,同时仅限于点、线的组成,可投影变换生成平面视图,如图 4-11 所示。图 4-11(a)所示为五面体的二维平面视图,其数据逻辑结构如图 4-11(b)所示。图 4-11(c)描述了每个顶点的编号和坐标值,图 4-11(d)则给出了每条边的编号及其起点和终点的编号。

4.2.2　线框建模的特点

在 20 世纪 60 年代发展起来的线框建模是严格的二维技术,旨在实现绘图自动化和简单的数控加工。由于生成的数据缺乏集中性和关联性,用户必须在所需的各种视图中独立地构造几何图形。20 世纪 70 年代早期,集中式关联数据库概念使三维对象建模成为一种可以进行三维转换的线框模型。

线框建模的数据结构简单,模型所需数据量小,处理时间短,建模操作容易。而且,线框模型包含了形体的三维数据,可以生成任意视图。要创建线框模型,只需提供几何信息,不会消耗更多的计算时间,也不会占用更大的内存空间。

但是,线框模型的几何描述能力较差,只能提供一个铁丝笼似的框架,无法描述曲面轮廓、投影线等重要信息,也不能给出轮廓线内有关面的信息。由于信息表达不完整,因此有时除了设计者之外,别人很难对图形作出唯一的解释。

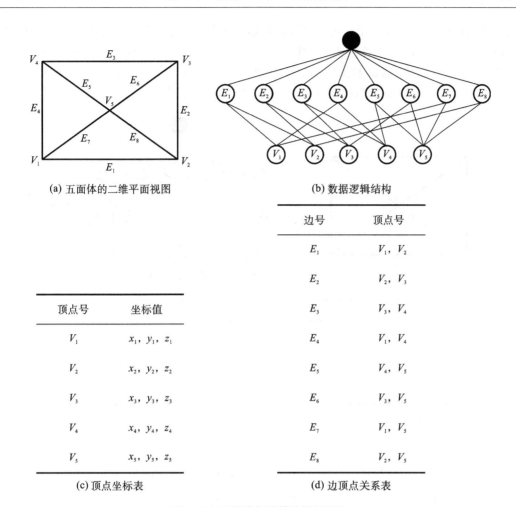

(a) 五面体的二维平面视图　　　　　　(b) 数据逻辑结构

顶点号	坐标值
V_1	x_1, y_1, z_1
V_2	x_2, y_2, z_2
V_3	x_3, y_3, z_3
V_4	x_4, y_4, z_4
V_5	x_5, y_5, z_5

(c) 顶点坐标表

边号	顶点号
E_1	V_1, V_2
E_2	V_2, V_3
E_3	V_3, V_4
E_4	V_1, V_4
E_5	V_4, V_5
E_6	V_3, V_5
E_7	V_1, V_5
E_8	V_2, V_5

(d) 边顶点关系表

图 4-11　三维线框建模的数据结构

　　生成复杂物体的线框模型需要输入大量的初始数据,加大了输入负担,并且数据的统一性和有效性难以保证。当涉及构造模型所需的大量定义数据和命令序列时,线框模型也被认为是冗长的。

　　尽管如此,线框建模是表面建模和实体建模的基础,具有数据结构简单、易于掌握的优点,至今仍被广泛地使用。

4.3　表　面　建　模

　　20 世纪 70 年代出现的表面模型(surface model)在线框模型的基础上增加了面的信息,表示的信息更丰富、更全面,使得构造的形体能够消隐、生成剖面和着色。表面模型后来发展成为曲面模型,能够用于各种曲面的拟合、表示、求交和显示。

4.3.1　表面建模的原理

　　表面建模是将物体分解成组成物体的表面、边和顶点,用顶点、边和表面的有限集合表示和建立物体的计算机内部模型。表面建模的数据结构是表结构,除了给出边及顶点的信息之外,还提供了构成三维立体各组成面的信息。图 4-12(a)所示为五面体的二维平面视图,图 4-12(b)所示为该三维立体的数据逻辑结构,其中面 F_{1234} 的下标对应顶点号,图 4-12(c)所示为顶点坐标表,图 4-12(d)所示为边顶点关系表,图 4-12(e)所示为面边关系表。

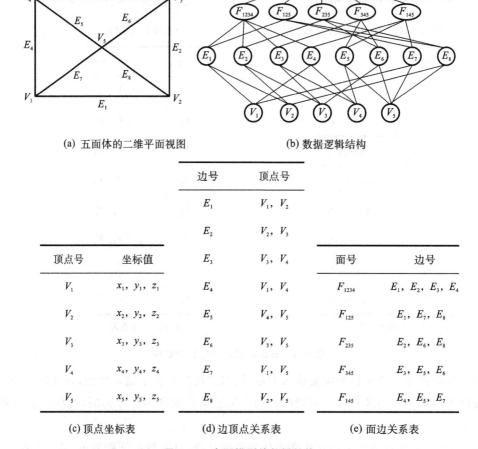

(a) 五面体的二维平面视图   (b) 数据逻辑结构

边号	顶点号
E_1	V_1, V_2
E_2	V_2, V_3
E_3	V_3, V_4
E_4	V_1, V_4
E_5	V_4, V_5
E_6	V_3, V_5
E_7	V_1, V_5
E_8	V_2, V_5

顶点号	坐标值
V_1	x_1, y_1, z_1
V_2	x_2, y_2, z_2
V_3	x_3, y_3, z_3
V_4	x_4, y_4, z_4
V_5	x_5, y_5, z_5

面号	边号
F_{1234}	E_1, E_2, E_3, E_4
F_{125}	E_1, E_7, E_8
F_{235}	E_2, E_6, E_8
F_{345}	E_3, E_5, E_6
F_{145}	E_4, E_5, E_7

(c) 顶点坐标表   (d) 边顶点关系表   (e) 面边关系表

图 4-12 表面模型的数据结构

4.3.2 表面的生成方法

按照类型的不同,表面建模可以分为平面建模和曲面建模。平面建模是将形体表面划分成一系列多边形网格,每一个网格构成一个小的平面,用一系列的小平面逼近形体的实际表面。曲面建模是把需要建模的曲面划分为一系列曲面片,用连接条件拼接来生成整个曲面,曲面建模是 CAD 领域中应用最广泛的几何建模技术之一。

按照曲面特征的不同,曲面建模中的曲面可以分为几何图形曲面和自由型曲面。几何图形曲面是指那些具有固定几何形状的曲面,如球面、圆柱面、圆锥面、牵引曲面和旋转曲面等。自由型曲面主要包括各种二维和三维扫描曲面、Coons 曲面、贝塞尔曲面、B 样条曲面和 NURBS 曲面等。

对于一个物体,可以用不同的曲面造型方法来构成相同的曲面,哪一种方法产生的模型更好,一般用两个标准衡量:一是更能准确体现设计者的设计思想、设计原则,二是产生的模型能够准确、快速、方便地产生数控刀具轨迹,更好地为 CAM、CAE 服务。

常用表面的生成方法主要有以下几种。

1. 扫描面

按照扫描方法的不同,扫描面可以分为旋转面和轨迹面。

1) 旋转面

空间中一条平面曲线(母线)绕其平面上一条定直线 l(旋转轴)旋转一周所形成的曲面称为旋转面,如图 4-13 所示。母线上任意一点绕旋转轴旋转一周所得到的圆称为纬圆,过旋转轴的平面与旋转面相交的曲线称为经线。

2) 轨迹面

轨迹面由空间中一条曲线(母线)沿着另一条或多条轨迹线(引导线)扫掠而成,如图 4-14 所示。引导线和母线可以由多段曲线组成,但引导线必须一阶导数连续,它适用于创建有相同构形规律的表面。

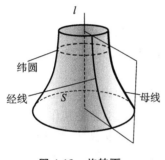

图 4-13　旋转面

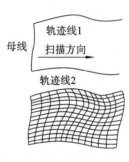

图 4-14　轨迹面

2. 直纹面

直纹面是以直线为母线,直线的两个端点在同一个方向上分别沿着两条轨迹线运动所形成的曲面,柱面和锥面都是典型的直纹面。

1) 柱面

柱面是空间中一条直线 L(母线)沿着一条曲线 C(准线)平行移动所产生的曲面,是直纹面的一种类型,如图 4-15 所示。柱面的母线和准线不唯一,但是母线的方向是唯一的(平面除外)。与每一条母线都相交的曲线均可作为准线,如抛物柱面、椭圆柱面等。

2) 锥面

空间中过定点 M_0 的动直线 L 沿着定曲线 C 移动所产生的曲面称为锥面,定点 M_0 则称为锥面的顶点,如图 4-16 所示。

3) 复杂曲面

复杂曲面的基本原理是先确定曲面上特定的型值点的坐标位置,通过拟合使曲面通过或逼近给定的型值点,从而得到相应的曲面。

常见的复杂曲面有 Coons 曲面、贝塞尔曲面和 B 样条曲面等。贝塞尔曲面和 B 样条曲面的特点是曲面逼近控制网格,Coons 曲面的特点是插值,即通过满足给定的边界条件的方法构造 Coons 曲面。这一部分内容涉及复杂的数学理论知识,本章不作更多介绍。

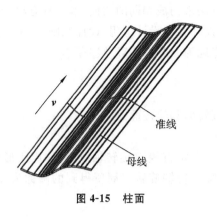

图 4-15　柱面

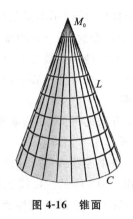

图 4-16　锥面

4.3.3　表面建模的特点

表面建模是对物体各表面进行描述的一种三维形体构造方法,主要适用于不能用简单的数学模型描述的表面,如飞机、汽车等的复杂外形表面。

表面建模比线框建模更严密、完整,能够完整地定义三维物体的表面,可以在屏幕上生成逼真的彩色图像,可以消除隐藏线和隐藏面,可以利用建模中的基本数据进行有限元划分以及产生数控加工刀具轨迹等。

但是,表面模型依然存在"多义性"问题,不能描述物体的内部结构,很难说明这个物体是一个实心物体还是一个薄壳,无法计算和分析物体的物性,也不能将其作为一个整体去考察与其他物体相互关联的性质。实际上表面建模采用蒙面的方式构造零件的形体,往往会导致面与面的连接处出现重叠或间隙,不能保证建模精度,也容易在零件建模中因漏掉对某个甚至某些面的处理,出现所谓的"丢面"现象。此外,由于表面建模的曲线曲面理论严谨复杂,因此需要一定的数学理论知识才能更好地应用和掌握表面建模。

4.4　实 体 建 模

20 世纪 70 年代后期发展起来的实体建模是建模技术的高级形式,利用实体建模可得到完整的实体信息,能够实现消隐、剖切、有限元分析、数控加工、实体着色、光照及纹理、物性计算等各种处理和操作。实体模型是进一步对设计对象进行工程分析的基础,通过实体模型可以在软件模块中进行应力、应变、稳定性和振动等分析。与线框建模、表面建模相比,实体建模不仅定义了形体表面,还定义了形体的内部形状,使形体的实体物质特性得到了正确的描述,是 CAD/CAM 系统普遍采用的建模形式。

4.4.1　实体建模的原理

实体建模采用表结构存储数据,其中边顶点关系表和面边表与表面建模的有很大不同。对比图 4-12 与图 4-17,可以看出图 4-17(d)记录的内容更加丰富,从图 4-17(d)中可以找到构成边的两个面,从图 4-17(e)中可以找到构成面的矢量边。与表面模型相比,实体模型不仅记录了全部几何信息,而且记录了全部点、边、面、体的信息。

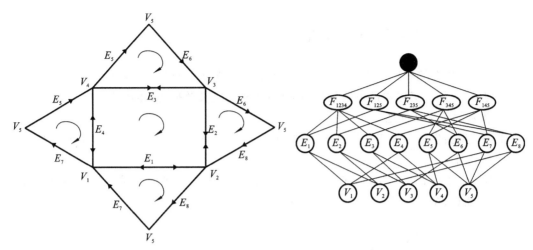

(a) 立体展开及其有向边示意　　　　　　　(b) 数据逻辑结构

边号	顶点号	构成面号
E_1	V_1, V_2	F_{1432}, F_{125}
E_2	V_2, V_3	F_{1432}, F_{235}
E_3	V_3, V_4	F_{1432}, F_{345}
E_4	V_1, V_4	F_{1432}, F_{415}
E_5	V_4, V_5	F_{415}, F_{345}
E_6	V_3, V_5	F_{345}, F_{235}
E_7	V_1, V_5	F_{415}, F_{125}
E_8	V_2, V_5	F_{125}, F_{235}

顶点号	坐标值
V_1	x_1, y_1, z_1
V_2	x_2, y_2, z_2
V_3	x_3, y_3, z_3
V_4	x_4, y_4, z_4
V_5	x_5, y_5, z_5

面号	边号(矢量)
F_{1432}	E_1, E_4, E_3, E_2
F_{125}	$-E_1$, E_8, E_7
F_{235}	$-E_2$, E_6, E_8
F_{345}	$-E_3$, E_5, E_6
F_{415}	$-E_4$, E_7, E_5

(c) 顶点坐标表　　　　　(d) 边顶点面关系表　　　　　(e) 面边矢量关系表

图 4-17　实体模型的数据结构

　　实体模型解决了表面模型无法确定面的哪一侧存在实体,哪一侧没有实体的问题。通常可用三种方法确定表面的哪一侧存在实体,如图 4-18 所示。

　　(1) 给出实体存在一侧的一点,根据点的位置判断是否存在于实体内。

　　(2) 直接用表面的外法矢来指明实体存在的一侧。

　　(3) 用有向棱边的右手法则来确定所在面的法线方向,并规定其正向指向实体外,该方法为 CAD 系统广泛采用。

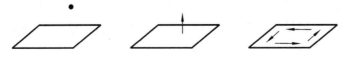

图 4-18　判断表面方向的方法

4.4.2　体素及其布尔运算

在计算机内存储一些基本体素,通过集合运算(或布尔运算)生成复杂形体,从而实现实体模型的构造。因此,实体建模主要包括两部分:体素的定义及描述;体素的运算。

1. 体素的定义及描述

体素是现实生活中真实的三维物体,根据定义方式,体素可分为基本体素和扫描体素。

1) 基本体素

基本体素主要有长方体、圆柱、球、圆环、圆锥等,如图 4-19 所示。基本体素的信息可以用几何参数(如长、宽、高、半径等)及基准点(O 点)描述。

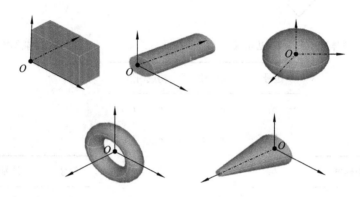

图 4-19　常见的基本体素

2) 扫描体素

扫描的基本原理是曲线、曲面或形体沿某一路径运动生成二维或三维物体,扫描分为平面轮廓扫描和整体扫描。扫描变换需要两个分量:一个是给出一个运动形体(基体);另一个是指定形体运动的路径(轨迹)。通过上述两种扫描方法得到的体素分别称为平面轮廓扫描体素和三维实体扫描体素。

平面轮廓扫描的基本原理是由任一平面轮廓在空间平移一段距离或绕一个固定的轴旋转生成物体,常见的扫描策略有平行扫、旋转扫和广义扫,如图 4-20～图 4-22 所示。

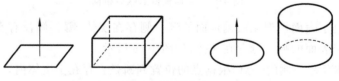

图 4-20　平行扫

整体扫描的基本原理是以一个三维物体作为扫描基体,即一个"运动的物体",使扫描基体在空间中运动,可以沿某一方向移动,也可以绕某一轴线转动,或绕某一点摆动。

2. 体素的运算

实体建模的核心问题是通过交(intersection)、并(union)、差(difference)运算,把简单形体(体素)组合成复杂形体。体素的运算能力、可靠性及效率对 CAD/CAM 系统性能影响较大。

如图 4-23 所示,A 和 B 为体素,并运算记为 $C=A\cup B=B\cup A$,生成的形体 C 包含 A 与 B

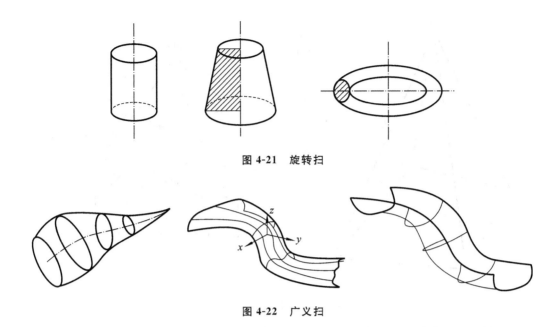

图 4-21　旋转扫

图 4-22　广义扫

的所有点；差运算记为 $C=A-B\neq B-A$，生成的形体 C 包含从 A 中减去 A 和 B 共同点后的剩余点；交运算记为 $C=A\bigcap B=B\bigcap A$，生成的形体 C 包含所有 A、B 共同的点。

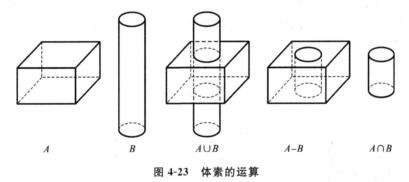

A　　　　B　　　　$A\bigcup B$　　　　$A-B$　　　　$A\bigcap B$

图 4-23　体素的运算

4.4.3　实体模型的表示方法

与表面建模不同，实体建模在计算机内部存储的信息不是简单的边或顶点的信息，而是准确、完整、统一地记录了生成物体的各个方面的数据。实体模型的表示方法主要有边界表示法、构造实体几何法、混合表示法和空间单元分割法等。

1. 边界表示法

边界表示法（boundary representation，B-Rep）的基本思想是一个物体可以通过它的面的集合来表示，而每一个面又可以用边来描述，边通过点、点通过三个坐标值来定义。B-Rep 强调物体外表的细节，详细记录了构成物体的所有几何信息和拓扑信息，将面、边、顶点的信息分层记录，建立层与层之间的联系。B-Rep 数据结构一般为网状结构，如图 4-24 所示。

B-Rep 形体有较多的关于面、边、点及其相互关系的信息。B-Rep 有利于生成和绘制线框图、投影图，有利于计算几何特性，易于同二维绘图软件衔接和表面建模软件相关联。但是，B-Rep 的核心信息是面，对物体的整体描述能力较差，无法提供物体生成的过程信息，也无法

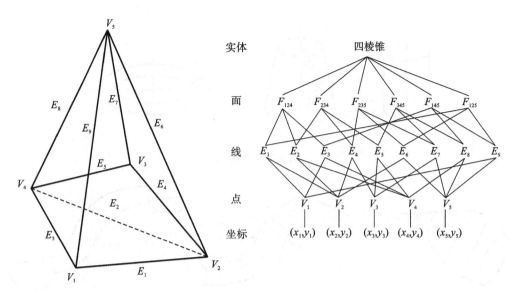

图 4-24　B-Rep 的数据结构示意

记录组成物体的体素数据,网状的数据结构所需的存储空间大,维护程序复杂。

2. 构造实体几何法

构造实体几何法(constructive solid geometry,CSG)的基本思想是简单的体素通过布尔运算生成复杂物体。CSG 数据结构一般为树状结构,如图 4-25 所示。树叶为体素或变换矩阵,树的节点为布尔运算,树根则是最终构造的物体。

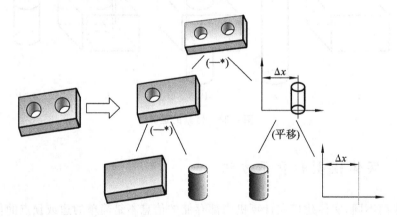

图 4-25　CSG 数据结构示意

CSG 详细记录了构成物体的原始特征,必要时还可以附加体素的各种属性,所表示的形体具有唯一性和明确性,且数据结构相对简单,数据量较小。但是,CSG 不能查询到物体较低层次的信息,如顶点、边和面的几何信息和拓扑信息,因此需要与其他方法联合使用。此外,CSG 构造的物体由于受到体素及体素的布尔操作方法的影响,同一个物体可能存在不同的构造方法,不同的构造方法所表现的数据结构也不相同。

3. 混合表示法

混合表示法是将 CSG 和 B-Rep 结合起来表示物体的方法,起主导作用的是 CSG,但是由于 B-Rep 的存在,减少了中间环节的计算,可以完整地表达物体的几何信息和拓扑信息。混合表示法的数据结构在 CSG 树结构的节点上扩充 B-Rep 的数据结构,如图 4-26 所示。

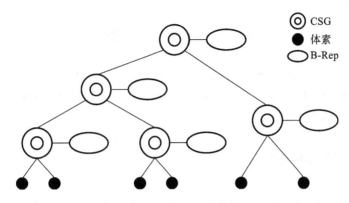

图 4-26　混合表示法的数据结构示意

4. 空间单元分割法

空间单元分割法的基本思想是通过一系列空间单元构成的图形表示物体。这些空间单元是具有一定大小的平面或立方体,在计算机内部主要通过定义各单元的位置是否被物体占有来表示物体。

空间单元分割法是一种近似表示法,用于描述比较复杂的,尤其是内部有孔或具有凸凹等不规则表面的物体。空间分割单元的大小、数量均影响实体模型的精度,数量越大,精度越高,但是存储数据所需的空间越大,系统处理数据的时间也会越长。

空间单元分割法的数据结构主要有二维模型的四叉树结构和三维模型的八叉树结构,如图 4-27 和图 4-28 所示。

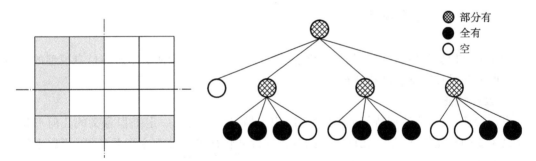

图 4-27　二维模型的四叉树结构

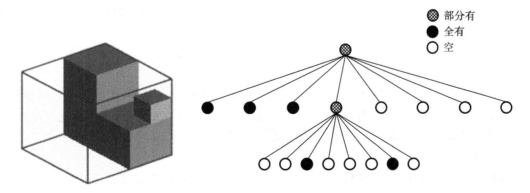

图 4-28　三维模型的八叉树结构

4.5　特征建模

特征建模的出现是 CAD 建模方法发展的一个里程碑。特征建模是建立在实体建模的基础上,利用特征的概念面向整个产品设计和生产制造过程进行设计的一种建模方法,它不仅包含与生产有关的信息,还能描述这些信息之间的关系。

4.5.1　特征的概念

特征是一种综合概念,它作为"产品开发过程中各种信息的载体",不仅包含零件的几何信息和拓扑信息,还包含一些设计、制造等过程所需的非几何信息。它具有以下几个主要特点:

(1) 特征引用直接体现了设计意图,使得设计工作在更高的层次上进行。设计人员的操作对象不再是原始的线条和体素,而是产品的功能要求,如螺纹孔、定位孔、键槽等。

(2) 特征使产品设计、分析、工艺准备、加工、检验等各环节之间有了共同语言,能更好地将产品的设计意图贯彻到后续环节,并且及时得到后续环节的意见反馈。

(3) 针对专业应用领域需要建立特征库,从而快速地生成所需的物体,有助于推动行业内的产品设计和工艺方法的规范化、标准化和系列化。

(4) 特征着眼于更好、更完整地表达产品全生命周期的技术和生产组织、计划管理等多阶段的信息,使得 CAD/CAM 系统的集成成为可能。

4.5.2　特征的分类

产品信息模型为层次结构,包含零件层、特征层和几何层,特征层是产品信息模型的核心。特征一般分为设计特征和制造特征。

1. 设计特征

设计特征,又称为造型特征或形状特征,用于描述某个具有一定工程意义的几何形状,是产品最主要的外在特征,是非几何信息的载体。设计特征可以分为主形状特征(简称主特征)和辅助形状特征(简称辅特征),如图 4-29 所示。

1) 主特征

主特征用于描述产品的基本几何形体,根据特征形状的复杂程度,又可以分为简单主特征和宏特征。

(1) 简单主特征主要用于描述圆柱体、圆锥体、成形体、长方体、球、楔形体等简单的基本几何形体。

(2) 宏特征是指具有相对固定的结构形状和加工方法的设计特征,用于描述几何形状比较复杂,并且不便进一步细分为其他设计特征的组合形体。通过宏特征,可以简化建模过程,避免各个表面特征的分别描述。宏特征能反映产品的整体结构、设计功能和制造工艺。

2) 辅特征

辅特征是依附于主特征的设计特征,是对主特征的局部修饰,反映了产品几何形状的细微结构。根据辅特征的特点,辅特征可进一步分为简单辅特征、复制特征和组合特征。

(1) 简单辅特征是指倒角、退刀槽、螺纹等单　特征,它们可以附加在主特征上,也可以附

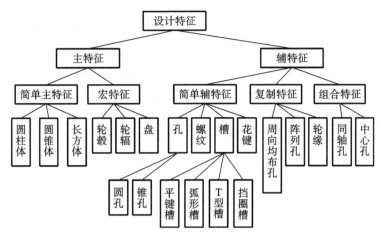

图 4-29　设计特征的分类

加在辅特征上,从而形成不同的几何形体。

（2）复制特征是指一些同类型辅特征按一定的规律在空间的不同位置上复制而成的设计特征,如周向均布孔、阵列孔等。

（3）组合特征是指由一些简单辅特征组合而成的特征,如同轴孔、中心孔等。

2. 制造特征

制造特征是面向产品制造过程的特征,不实际参与产品几何形状的构造,可以细分为精度特征、材料特征、技术要求特征、装配特征和管理特征等。

（1）精度特征用于描述几何形状和尺寸的许可变动量或误差,如尺寸公差、形状公差、位置公差和表面粗糙度等。

（2）材料特征用于描述材料的类型、性能和热处理条件等信息,如强度和延展性等力学特性、导热和导电等物理化学特性、材料热处理方式与条件等。

（3）技术要求特征又称为分析特征,用于表达零件在性能分析时所使用的信息,如有限元网格划分、梁特征和板特征等。技术要求特征没有固定的格式和内容,因此很难用统一的模型来描述。

（4）装配特征用于表达零件的装配关系及在装配过程中所需的信息,包括位置关系、公差配合、功能关系、动力学关系等,有时也包括在装配过程中生成的设计特征,如配钻等。

（5）管理特征又称为补充特征,用于表达一些与上述特征无关的产品信息,如零件名、零件类型、GT 码、零件的轮廓尺寸、重量、件数、材料名、设计者、设计日期、审核者等信息。

4.5.3　特征建模方式

特征概念包含丰富的工程语义,所以利用特征及其概念进行设计是实现设计与制造集成的一种有效的方法。利用特征及其概念进行设计的方法经历了特征识别和基于特征的设计两个阶段。

1. 特征识别

特征识别建立在已有的几何模型基础上,通过人工交互或者自动识别算法进行特征的搜索、匹配,达到特征建模的目的。

1）交互式特征识别

交互式特征识别是指设计人员通过几何建模系统建立产品的几何模型,然后用户通过交互式操作将特征附加到已有的几何模型上的一种建模方式,如图 4-30 所示。这种建模方式易于实现,但严重依赖用户的技术能力,交互操作烦琐、效率低下。同时,特征信息与几何模型无必然的联系,当零件形状改变时,其特征需要重新定义。

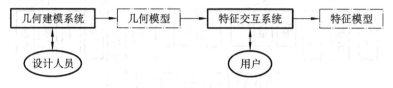

图 4-30   交互式特征识别

2）特征自动识别

特征自动识别的基本思想是通过事先开发的特征自动识别系统,从预先设计好的几何模型中识别和提取特征,如图 4-31 所示。特征自动识别部分解决了实体建模与特征建模系统间信息交换的不匹配问题,提高了设计的自动化程度。但是,当产品比较复杂时,特征自动识别会比较困难,甚至有时难以进行特征识别。

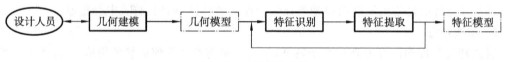

图 4-31   特征自动识别

2. 基于特征的设计

基于特征的设计的基本思想是设计人员借助于特征建模系统中的特征,通过增加、修改和删除等操作在实体模型的基础上建立产品的特征模型,如图 4-32 所示。基于特征的设计是特征建模系统的最高实现方式,系统采用具有特定应用含义的特征,为用户提供更高层次的符合实际工程设计过程的设计概念和方法,使得设计效率和设计质量大幅提高。

图 4-32   基于特征的设计

4.6　行　为　建　模

行为建模技术综合考虑产品所要求的功能行为、设计背景和几何图形,采用知识捕捉和迭代求解的智能化方法,使工程师可以面对不断变化的要求,追求高度创新的、能满足行为和完善性要求的设计。行为建模技术将设计软件推向了一个新的发展阶段,通过给模型增加行为智能,可以大大缩短软件设计时间。

行为建模技术的强大功能体现在智能模型、目标驱动式设计工具和一个开放式可扩展环境。在行为建模过程中,首先要创建合适的分析特征,建立分析参数,利用分析特征对模型进行测量;然后,定义分析目标,应用一系列分析工具,利用产生的特征参数寻找最优模型,如图 4-33 所示。

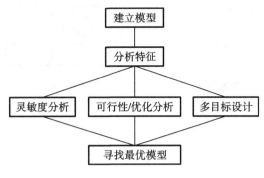

图 4-33　行为建模过程示意

　　利用分析特征对模型进行如物理特性、曲线曲面特性和运动特性等的测量,是行为建模前的关键一步。常见的分析特征类型有测量、模型、几何、外部分析、机械分析、用户自定义分析等。

　　工程师通过设计研究评估设计的行为,以及模型的可行性、灵敏性或优化程度,并理解更改设计目标所带来的效果。

　　(1) 灵敏度分析。

　　灵敏度分析是指在众多设计参数中,确定哪些参数才是重要的设计参数,以及进一步确定相关参数适用于优化设计的变化范围。灵敏度分析通常只能改变一个尺寸或参数,并且不能自动更新模型。

　　(2) 可行性/优化分析。

　　可行性/优化分析通过系统计算出一些特殊的尺寸值,使得模型能够满足某些用户指定约束(可行性分析部分),并且系统会自动寻找出可行的最优的解决方案(优化分析部分)。

　　(3) 多目标设计。

　　产品设计时会综合考量多个设计目标,以及设计变量与设计约束条件。多目标设计研究的目的就是寻找出不唯一的解决方案,避免使用可行性/优化分析时产生的局部最优解。

思考与习题

　　(1) 试举例说明 CAD/CAM 系统的建模概念及其过程。

　　(2) 何为几何建模技术? 试分析几何建模技术的类型及应用范围。

　　(3) 什么是体素? 体素的生成方法有哪些,各有什么特点?

　　(4) 试结合某一产品,理解体素的交、并、差运算的含义。

　　(5) 试分析边界表示法的基本原理和建模过程。

　　(6) 试分析构造实体几何法的基本原理和建模过程。

　　(7) 如图 4-34 所示,试给出一种 CSG 示意图,并分析该方法有什么特点?

　　(8) 比较边界表示法与构造实体几何法在描述同一实体时的区别和特点。

　　(9) 试以列表的方式总结线框模型、表面模型、实体模型和特征模型的定义、应用场合及特点。

　　(10) 结合特征建模的特征概念,试分析图 4-35 所示的产品具备的设计特征。

图 4-34　三维实体 M

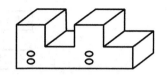

图 4-35　产品

（11）试举例分析行为建模过程。

第5章 计算机辅助工艺过程设计

CAD 的设计结果能否有效地应用于生产实践,数控机床能否充分产生效益,CAD 与 CAM 系统能否真正实现集成,都与工艺设计自动化有着十分紧密的联系。计算机辅助工艺过程设计(computer aided process planning,CAPP)是连接 CAD、CAM 的桥梁。通过 CAPP 系统,对设计人员的经验进行总结和借鉴,有利于实现工艺设计的标准化、系列化和通用化,为企业实现信息集成创造条件。

通过本章的学习,掌握 CAPP 系统的基本原理与概念,重点掌握派生式、创成式和综合式 CAPP 系统的基本原理及其结构;了解 CAPP 系统中零件信息的描述与输入方法;掌握工艺过程数据及其知识的获取和表示方法。

5.1 概 述

工艺设计是一个极为复杂的过程,涉及的因素非常多,对制造环境的依赖性大,因此,CAPP 系统的通用性和实用性较差。CAPP 系统的结构在工作原理、产品对象、规模方面有着较大的差异。CAPP 系统的一般结构如图 5-1 所示。

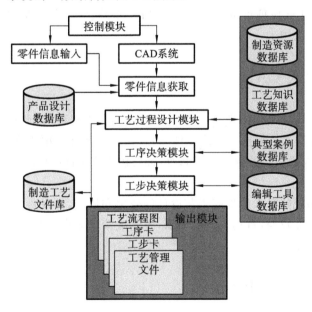

图 5-1 CAPP 系统的一般结构

1. 控制模块

控制模块的主要任务是协调各模块的运行,实现人机之间的信息交流,包括系统菜单,零件信息获取,工艺设计,工艺数据知识输入和管理,工艺文件的显示、编辑与管理等功能。

2．零件信息输入模块

零件信息输入最理想的方式是通过 CAD 系统直接导入，但是受限于现有的技术水平，CAPP 系统目前主要还是通过人工交互的方式实现零件信息输入。

3．工艺过程设计模块

工艺过程设计模块以零件信息为依据，按预先规定的顺序或逻辑，调用有关工艺数据或规则，进行必要的比较、计算和决策，生成零件的工艺规程，供加工及生产管理部门使用。工艺过程设计模块包括工序决策、工步决策、NC 加工指令生成、加工过程动态仿真等。

4．工艺数据库/知识库

工艺数据库/知识库是系统的支撑工具，它包含了工艺设计所要求的所有工艺数据，主要包括：用于存放 CAD 系统的产品设计数据库；用于存放加工设备、工装工具等的制造资源数据库；用于存放产品制造工艺规则、工艺标准、工艺数据手册、工艺信息处理相关算法和工具等的工艺知识数据库；用于存放各零件族典型零件的工艺流程图、工序卡、工步卡、加工参数等的典型案例数据库；用于存放工艺决策逻辑、决策习惯和经验，以及加工方法选择与排序等的规则库。

5．工艺文件管理与输出

工艺文件是 CAPP 系统提交给用户的最终产品，管理和维护工艺文件是 CAPP 系统的重要内容。工艺文件的输出包括工艺文件的格式化显示、存盘、打印等。CAPP 系统一般要输出各种格式的工艺文件，有些系统允许用户自定义输出格式，甚至能直接输出零件 NC 程序。

5.2　CAPP 系统的分类

CAPP 系统根据工作原理可分为检索式 CAPP 系统、派生式 CAPP 系统、创成式 CAPP 系统和综合式 CAPP 系统。

5.2.1　检索式 CAPP 系统

检索式 CAPP 系统的工作原理是将企业现行各类工艺规程，按照产品和零件图号，存入计算机数据库中。设计人员根据产品或零件图号，在工艺文件库中检索是否存在相似零件的工艺文件，然后采用人机交互的方式进行修改，最后按工艺文件的要求进行打印输出，如图 5-2 所示。

检索式 CAPP 系统能极大地提高工艺设计的效率和质量，开发难度小，实用性高。但是，检索式 CAPP 系统功能较弱，自动决策能力低，工艺决策完全由工艺设计人员手工完成，不能用于新产品的工艺设计。

5.2.2　派生式 CAPP 系统

派生式 CAPP 系统是利用零件的相似性来检索现有的工艺规程的一种软件系统。派生式 CAPP 系统存入各类零件的标准工艺过程方案，一般不包含工艺决策逻辑与规则。一个新零件的工艺过程是通过检索已有的相似零件族的标准工艺过程，并加以筛选或编辑形成的，如图 5-3 所示。

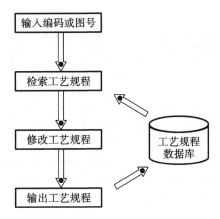

图 5-2　检索式 CAPP 系统的工作原理

派生式 CAPP 系统的工作原理简单，可以在成组技术或者特征造型的基础上发展成与 CAD/CAM 集成的系统。但是，派生式 CAPP 系统的操作需要有一定经验的设计人员，只能针对企业具体产品零件族的特点开发，可移植性差，主要适用于零件族较少且每个族内零件较多的产品，如回转体类派生式 CAPP 系统。

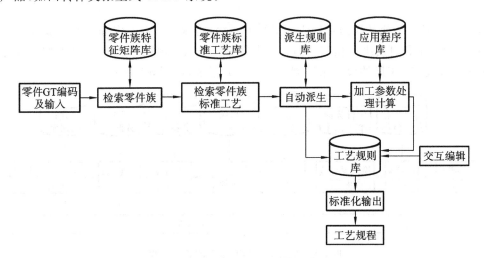

图 5-3　派生式 CAPP 系统的工作原理

5.2.3　创成式 CAPP 系统

检索式 CAPP 系统和派生式 CAPP 系统直接对相似零件工艺文件进行检索与修改，生成零件的工艺规程。创成式 CAPP 系统则是根据零件的信息描述，通过逻辑推理规则、公式和算法，在工艺数据库和知识库的支持下，系统自动做出工艺决策而"创成"一个零件的工艺规程，如图 5-4 所示。

创成式 CAPP 系统需要广泛收集生产实际中的工艺数据、工艺知识和加工知识，建立一系列工艺决策逻辑规则，形成工艺数据库/知识库。工艺决策逻辑常用的表达方式有决策树和决策表两种。

创成式 CAPP 系统需要大量的初始化数据准备工作，但是由于产品品种的多样化，各种

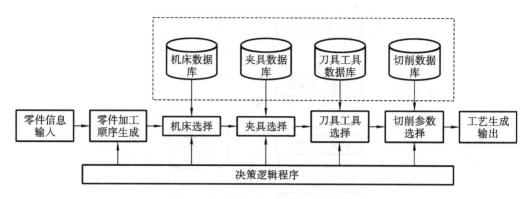

图 5-4　创成式 CAPP 系统的工作原理

零件的描述方法和加工过程有很大的不同,在不同的生产环境和生产条件下,工艺决策逻辑也不一样。因此,目前还没有真正意义上的创成式 CAPP 系统,一般都是针对某一产品或某一工厂专门设计的半创成式 CAPP 系统。

5.2.4　综合式 CAPP 系统

综合式 CAPP 系统又称为半创成式 CAPP 系统,将派生式 CAPP 系统与创成式 CAPP 系统结合,采用派生和自动决策相结合的方法生成零件的工艺规程。其中,工艺路线的设计采用派生式 CAPP 系统,工序的设计采用创成式 CAPP 系统,如图 5-5 所示。

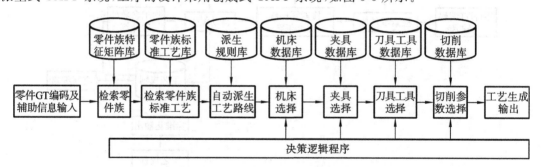

图 5-5　综合式 CAPP 系统的工作原理

5.3　零件信息描述技术

零件信息描述的准确性、科学性和完整性将直接影响所编制工艺的质量、可靠性和效率。按照零件和应用环境的不同,零件信息描述方法可以分为分类法、型面法、形体法及 CAD 模型直接导入法。

5.3.1　分类法

分类法利用成组技术原理,根据零件的特征属性将零件划分为不同组别。特征属性主要包括结构特征(如几何形状、尺寸大小、功能结构等)和工艺特征(如毛坯类型、工艺过程、加工方法、使用的机床夹具等)。利用分类法可以在宏观上描述零件,而不涉及这个零件的细节,分类法主要包括编码描述法和特征矩阵描述法。

1. 编码描述法

将编码应用于零件分类系统中,用规定的字符来表示每个环节上的分类标志所描述的零件特征或属性,将复杂的零件结构形状转化成编码,实现"以数代形"。

2. 特征矩阵描述法

特征矩阵描述法是一种数学描述法,主要以矩阵的形式表示零件的特征,便于计算机处理,应用较为广泛。

最早的零件分类法是视检法,即通过目视的方式分选出相似零件,该方法比较粗略,只限于结构或工艺特征比较简单的零件。随后,出现了利用生产流程原理分选相似零件的方法,这种方法在分选工艺相似的零件族时效果明显,但是,用于分选结构相似的零件族时收效甚微。由于视检法和生产流程分析法都无法迅速而准确地将新的零件插入已有的对应零件族中,或为新的零件检索出已有对应零件族的各种有关结构、工艺、生产管理等方面的资料和信息,因此随着成组技术应用领域的扩大和计算机应用的普及,零件分类编码技术和分类编码系统应运而生。

零件分类编码系统种类很多,从总体结构来分,有整体式结构和分段式结构;从码位之间的结构来分,有树式结构、链式结构和混合式结构;从码位内的排列方式来分,有全组合排列法和选择排列法;从分类系统结构的表达形式来分,有表格式和决策树式;从分类用途来分,有设计用零件分类编码系统、工艺用零件分类编码系统,以及设计与工艺混合式零件分类编码系统。

当前,常见的零件分类编码系统主要有捷克 VUOSO 零件分类编码系统、德国 OPITZ 零件分类编码系统、日本 KK-3 零件分类编码系统和我国 JLBM-1 零件分类编码系统等。

1) VUOSO 零件分类编码系统

VUOSO 零件分类编码系统(以下简称 VUOSO 系统)是一个十进制 4 位代码的混合结构系统,如图 5-6 所示。

VUOSO 系统由 4 个横向分类环节组成,每个横向分类环节下各有纵向分类环节,纵向分类环节的分类标志分别用 0~9 十个数字代码表示。

第 1 个横向分类环节为"类",主要用于区分回转体类和非回转体类零件,以及以非机械加工方式获得的零件;第 2 个横向分类环节为"级",主要用于区分零件的大小和质量,以及描述零件的基本形状;第 3 个横向分类环节为"组",主要用于进一步描述零件结构形状的细节;第 4 个横向分类环节为"型",主要用于表示零件所用的材料和毛坯的种类。

VUOSO 系统结构简单,使用方便,容易记忆。但是,由于横向分类环节数量小,因此零件的分类描述比较粗糙。VUOSO 系统是成组技术中最早出现的零件分类编码系统,目前常用的其他零件分类编码系统一般都是从 VUOSO 系统演变而来的。

2) OPITZ 零件分类编码系统

OPITZ 零件分类编码系统(以下简称 OPITZ 系统)是一个十进制 9 位代码的混合结构系统,如图 5-7 所示。

OPITZ 系统中前面 5 个横向分类环节主要用于描述零件的基本形状要素,第 1 个横向分类环节主要用于区分回转体类和非回转体类零件;第 2~5 个横向分类环节针对第 1 个横向分类环节中所确定的零件类别的形状细节作进一步的描述并细分。

OPITZ 系统中后面有 4 个相互独立的横向分类环节。第 6 个横向分类环节用于划分零

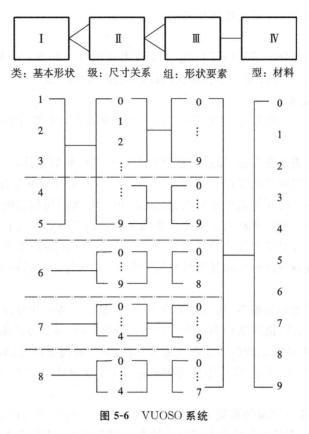

图 5-6　VUOSO 系统

件的主要尺寸；第 7 个横向分类环节以材料种类为其分类标志，但其中也附带考虑部分热处理信息；第 8 个横向分类环节的分类标志为毛坯原始形状；第 9 个横向分类环节，则是说明零件加工精度的分类标志，其作用在于提示零件上何种加工表面有精度要求，以便在安排工艺时加以考虑。

OPTIZ 系统结构较简单，仅有 9 个横向分类环节，便于记忆和手工分类。OPTIZ 系统的分类标志虽然形式上偏重于零件的结构特征，但是实际上隐含着工艺信息，如零件的尺寸标志，既反映零件在结构上的大小，又反映零件在加工中所用的机床和工艺设备的规格大小。OPTIZ 系统虽然考虑了精度标志，但是由于零件的精度概念比较复杂，如尺寸精度、几何形状精度和位置精度等，采用一个横向分类环节来表示远远不够。

3）KK-3 零件分类编码系统

KK-3 零件分类编码系统（以下简称 KK-3 系统）是十进制 21 位代码的混合结构分类编码系统，图 5-8 和图 5-9 所示分别为回转体类和非回转体类零件 KK-3 零件分类编码系统。

KK-3 系统的主要特点有：

（1）KK-3 系统在横向分类环节的先后顺序安排上，考虑了各部形状的加工顺序关系，是结构、工艺并重的一种零件分类编码系统。

（2）KK-3 系统把与设计较为密切的分类环节安排在最初的 7 个环节中，从而便于设计部门使用。

（3）KK-3 系统虽然环节很多，但是在分类标志的配置和排列上，尽可能采用"三要素完全组合"的原理。三要素完全组合是一种便于记忆的编排分类标志的方法，即首先选定 3 个基本

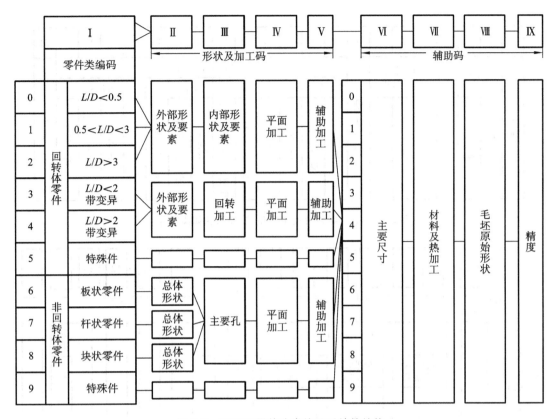

图 5-7 OPITZ 零件分类编码系统的结构

码位	1	2	3	4	5	6	7	8	9	10	11	12	13	14	15	16	17	18	19	20	21
	名称		材料		主要尺寸		外廓形状与尺寸比	各部形状与加工												外廓形状与尺寸比
								外表面						内表面			辅助孔			
分类项目	粗分类	细分类	粗分类	细分类	长度	直径	外廓形状与尺寸比	外廓形状	同心螺纹	功能槽	异形部分	成形平面	周期性平面	内廓形状	内曲面	内平面与内周期面	端面	规则排列	特殊孔	非切削加工	外廓形状与尺寸比

图 5-8 KK-3 零件分类编码系统(回转体类零件)

分类标志,然后将此 3 个基本分类标志进行完全组合,从而派生出其他综合标志。

(4) KK-3 系统将零件的功能和名称作为分类标志,这与大多数零件分类编码系统在选用标志上显著不同。

(5) KK-3 系统环节虽然有 21 个,但是有些环节出现的概率极小,这说明该系统的横向环节利用程度不高,编码方案设置不合理。

4) JLBM-1 零件分类编码系统

JLBM-1 零件分类编码系统(以下简称 JLBM-1 系统)是一个十进制 15 位代码的混合结构系统,如图 5-10 所示。

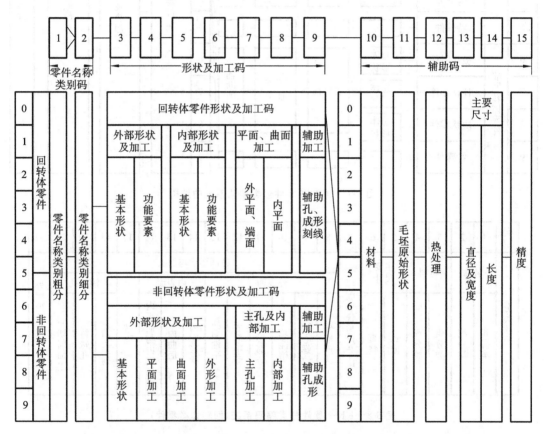

图 5-9　KK-3 零件分类编码系统（非回转体类零件）

图 5-10　JLBM-1 零件分类编码系统

　　JLBM-1 系统为了弥补 OPTIZ 系统的不足，对 OPTIZ 系统的形状加工码进行扩充，将 OPTIZ 系统的零件类别码改为零件功能名称码，把热处理标志从 OPTIZ 系统中的材料热处理码中独立出来，主要尺寸码也由一个横向环节扩大到两个横向环节。因此，JLBM-1 系统吸取了 KK-3 系统的零件功能名称码，在形状加工码的做法上也和 KK-3 系统的接近，因此，JLBM-1 系统是 OPTIZ 系统和 KK-3 系统的结合体。

5.3.2　型面法

型面法是将组成零件的各个型面按照一定的顺序输入计算机中,从而描述整个零件的方法。型面又称为表面元素,任何零件都可以看作由若干个型面按一定的关系组合而成,每一个型面可用一组特征参数描述,并对应一组加工方法。型面法的关键是型面单元的设计,包括型面编码描述法、型面语言描述法和型面数学描述法。

1. 型面编码描述法

型面编码描述法广泛应用于回转体类和非回转体类零件,采用的体系结构是将所描述的特征分为 4 类,即零件的总体信息、毛坯和材料信息、主型面信息和辅助型面信息。

2. 型面语言描述法

型面语言描述法采用大量系统字,以近似语言的方式进行表达,通常用得最多的是谓词描述。谓词又分为特征谓词和关系谓词。特征谓词用于描述型面单元的几何形状和工艺特征,关系谓词用于描述型面之间的关系。

3. 型面数学描述法

型面数学描述法主要包括矩阵描述法和图论法等。型面数学描述法可用于描述简单的零件,但是对于复杂的零件,使用较少,至今尚无成熟的系统。

5.3.3　形体法

任何零件都可以分解成若干个形体(体素),每一个形体可以用一组特征参数来描述,形体法就是将组成零件的各个形体按相应的组合关系输入计算机中,以描述整个零件的方法。形体法实质上是一种实体造型方法,直观感强,易于理解,便于计算机处理,易实现 CAD 系统、CAPP 系统和 CAM 系统之间的集成。

1. 体素单元分解法

复杂零件在进行体素单元分解时,体素单元应有典型性,能覆盖所描述的零件特征,且数量要尽可能的小。体素可采用基本体素和组合体素,以及主体素和辅助体素等分层特征结构进行描述。体素单元应同时考虑结构特征和工艺特征,可以通过编码、语言、图论等多种形式进行体素描述。

2. 形体形成法

形体形成法主要包括组合形成法和轮廓面扫描形成法。组合形成法是指将体素单元按一定的拓扑关系组合成形体的方法;轮廓面扫描形成法是指利用一个二维图形在空间扫描形成形体的方法,扫描方式分为直线扫描方式、旋转扫描方式和复合扫描方式。

3. 形体描述法

采用语言描述的方法来表示零件的形体形成方法称为形体描述法,主要有 4 种语句:体素语句、坐标转换语句、参考基准语句和体素组合语句。

5.3.4　CAD 模型直接导入法

零件信息描述最理想的方法是从 CAD 零件中直接提取。CAD 模型直接导入法的信息描述既准确又完整,同时也避免了零件信息的二次输入问题。

1. 基于特征识别的零件信息描述

该方法通过对 CAD 模型的分析,按一定的算法直接提取零件的特征信息,从而实现零件信息向 CAPP、CAM 的自动传输。

2. 基于特征拼装的零件信息描述

零件可以被定义为各种特征体素的拼装,因此,基于特征拼装的零件信息描述的基本单元是参数化的特征体素,并赋予特征体素尺寸、公差、表面粗糙度等工艺信息。

3. 基于产品信息模型的零件信息描述

为从根本上实现 CAD/CAPP/CAM 集成,最理想的方法是为产品建立一个完整的、语义一致的产品信息模型,以满足产品生命期各阶段对产品信息的不同需求,保证对产品信息理解的一致性,使各应用领域可以直接从该模型中抽取所需信息。

5.4　智能化 CAPP 系统

智能化 CAPP 系统是将人工智能技术运用于计算机辅助工艺过程设计中,解决需要人类专家才能处理的工艺问题的系统。常见的智能化 CAPP 系统有基于专家系统的 CAPP 系统、基于人工神经网络的 CAPP 系统、基于范例推理的 CAPP 系统和基于模糊推理的 CAPP 系统等。

基于专家系统的 CAPP 系统(简称 CAPP 专家系统)是当前应用最广泛的智能化 CAPP 系统,与创成式 CAPP 系统相比,虽然二者都可自动生成工艺规程,但是创成式 CAPP 系统以"逻辑算法＋决策表"为特征,而 CAPP 专家系统则以"推理＋知识"为主要特征,经过建立在系统内部的一系列逻辑决策模型及计算程序进行工艺过程决策,如图 5-11 所示。

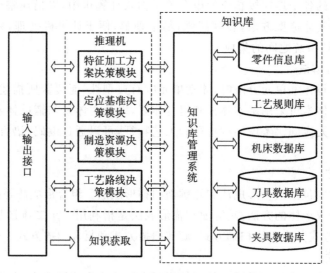

图 5-11　CAPP 专家系统的结构框图

5.4.1　接口模块

接口模块主要提供用户界面和结果解释功能。用户界面功能提供人工交互的方式和接收工艺专家和用户的输入信息。结果解释(解释机)功能对工艺推理结果作出必要解释,对系统提出的结论、求解过程及系统当前的求解状态提供说明,便于用户理解系统的问题求解,增大用户对求解结果的信任程度。

5.4.2　知识库

CAPP 系统工艺设计时,一方面要利用系统中存储的工艺数据与知识进行工艺决策,另一方面还要生成零件的工艺过程文件、NC 程序、刀具清单和工序图等信息。因此,CAPP 系统工作过程实际上就是工艺数据与工艺知识的访问、调用、处理和生成过程。

1. 工艺数据库

工艺数据库主要用于存储用户输入的原始工艺数据、工艺推理过程中产生的工艺数据。工艺数据可以分为静态数据和动态数据。

(1)静态数据是指 CAPP 系统在作业过程中相对固定不变的数据,包括加工材料、加工参数、机床参数、刀具夹具参数、成组分类特征数据、标准工艺规程等。

(2)动态数据是指在工艺设计过程中产生的中间过程数据、工序图形数据、中间工艺规程等。

2. 工艺知识库

工艺知识库是 CAPP 专家系统运行的核心支撑,主要用于存放工艺专家的经验和知识,包括常识性知识和启发性知识。常识性知识是公认的工艺知识与常识,例如,有关机床设备、工艺装备、材料等方面的制造资源知识;有关产品、零件、毛坯等方面的制造对象知识;有关工艺方法、典型工艺、加工参数及各类相关的工艺标准规范等方面的制造工艺知识等。启发性知识则是需要推理判断的工艺知识,主要是指有关工艺决策方法与过程等方面的知识。

常用工艺知识表达方法有产生式规则法、逻辑表示法、语义网络表示法、框架表示法、过程表示法、特征表示法、状态空间表示法和单元表示法等。其中,产生式规则法(IF THEN)是CAPP 系统最常用的工艺知识表示方法之一,如图 5-12 所示。

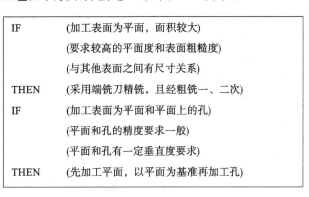

IF	(加工表面为平面,面积较大)
	(要求较高的平面度和表面粗糙度)
	(与其他表面之间有尺寸关系)
THEN	(采用端铣刀精铣,且经粗铣一、二次)
IF	(加工表面为平面和平面上的孔)
	(平面和孔的精度要求一般)
	(平面和孔有一定垂直度要求)
THEN	(先加工平面,以平面为基准再加工孔)

图 5-12　IF THEN 规则伪码

5.4.3　知识获取

知识获取就是把解决问题所用的专门知识从某些知识来源中提取出来,并将其表示成计算机能接受和使用的形式。一般地,用于表达工艺知识的数据结构有串、表、栈、树、图以及框架结构(类似于树)、网络结构(类似于图)等。

知识获取包括两个层次:一是对专家知识进行整理、组织和验证,二是根据系统运行结果归纳新的工艺知识。知识获取的方法主要有以下几种:

1. 通过知识工程师获取知识

知识工程师是一个计算机方面的工程师,他需要与专家多次交换意见、密切配合,从专家那里获取知识并以正确的形式将知识储存到计算机中。

2. 通过知识编辑器获取知识

专家通过知识编辑器直接将自己的知识和经验存入知识库中。因此,知识编辑器需要提供一个具有一定格式的、功能强大的人机交互界面,专家按照对话要求输入知识。

3. 通过知识学习器获取知识

通过知识学习器从数据库中自动学习从而获取新的知识,这是最理想也是最热门的知识获取方法之一。

5.4.4　推理机

推理机是用来控制和协调整个 CAPP 系统运行的计算机软件模块。推理机具有工艺推理能力,能根据知识库内零件设计信息和表达工艺决策规则集的当前事实,通过激活其规则集,得到优化的工艺设计结果。推理机具有以下 3 个显著特征:

(1) 启发性:使用判别性工艺知识及工艺理论知识进行工艺推理。

(2) 透明性:实时解释推理过程并回答有关询问。

(3) 灵活性:将新工艺知识不断加入工艺知识库中。

因此,CAPP 系统的逻辑推理过程是"选择—判断—选择—判断"。常用的工艺推理方法有正向推理、反向推理和双向推理。

(1) 正向推理。

正向推理从已知工艺事实出发,按既定工艺控制策略,利用产生式规则不断修改、扩充工艺数据库,最终获得推断结论,又称为"数据驱动策略"。

工艺正向推理的主要功能有:

①知道如何运用数据库,以及知道运用数据库中哪些知识;

②能将推理后的结论存入数据库;

③能解释自己的推理结果;

④能判断结束推理的时间;

⑤能向用户提问,并要求用户输入所需的补充条件。

正向推理的主要缺点是存在单纯的、盲目的工艺推理过程,可能导致过多的资源用于求解与目标解无关的子目标问题。

(2) 反向推理。

反向推理首先提出工艺假设,然后逆向寻找支持这些假设的证据,判断假设是否成立,也就是"成品零件—零件型面—加工要求—工艺规程"的"目标驱动策略"。

反向推理的主要功能有:

①能提出工艺假设,并能判断假设的真伪;

②如果假设成立,记录相关信息并存储备查;如果假设不成立,则重新提出新的工艺假设,再作判断;

③能判断何时结束推理;

④能根据用户的需求随时补充工艺条件。

反向推理的主要缺点是存在单纯的、盲目的选择目标过程,可能导致过多的资源用于证明与目标无关的子目标问题。

(3) 双向推理。

双向推理综合了正向推理和反向推理的优点,克服了两者的不足。双向推理先根据数据库中原始的工艺数据,利用正向推理选择工艺假设,再利用反向推理证实这些工艺假设的正确性,如此反复,直至得出所需的结论。

思考与习题

(1) 简述 CAPP 系统的基本构成及功能。

(2) 简述创成式 CAPP 系统与派生式 CAPP 系统的工作原理,并对两者进行比较。

(3) 简述零件信息的描述方法及主要特点。

(4) 智能化 CAPP 系统的类型有哪些?

(5) 什么是 CAPP 专家系统? 并说明它与传统程序系统有何不同?

(6) CAPP 专家系统由哪些功能模块组成?

(7) CAPP 专家系统中常用的知识表示方法有哪些,并简要说明。

(8) 试分析 CAPP 系统的现状、存在的主要问题及发展趋势。

第 6 章　数控加工与 CAM 技术

以数控技术为核心的数控机床、加工中心代表了当今世界自动化技术发展的前沿,是制造业实现自动化、柔性化、集成化生产的基础。数控加工程序不仅能保证加工出符合设计要求的零件,还能使数控机床功能得到合理的应用和充分的发挥,使数控机床安全、可靠、高效地工作。计算机辅助制造(CAM)内容广泛,有广义 CAM 和狭义 CAM 之分,狭义 CAM 指的是数控程序的编制,包括刀具路径的规划、刀位文件的生成、刀具轨迹仿真及 NC 代码的生成等。计算机辅助设计及制造同数控加工结合,是当今数控技术的主流应用,能够获得较高的加工精度和加工效率。

通过本章学习,掌握数控加工的基本过程及数控编程的一般步骤;熟练掌握数控编程的基本方法及特点;理解数控编程过程中涉及的基本术语;熟练掌握数控编程的典型加工切削方式,以及几种典型的刀位计算方法;理解并熟练应用数控编程中的工艺策略;了解数控系统后置处理方法。

6.1　数控加工与数控编程

数控机床与普通机床在加工零件时的区别在于:数控机床是按照程序自动加工零件的,而普通机床需要人工来加工零件。数控机床只要选择不同的控制机床动作的数控程序,就可以达到加工不同零件的目的。因此,数控机床特别适合加工小批量、形状复杂、精度要求高的零件。

6.1.1　数控加工的基本过程

数控加工是用数字化信息对数控机床的运动和加工过程进行控制的一种机械加工方法,根据被加工零件图样进行工艺分析,把零件的加工工艺路线、工艺参数、刀具的运动轨迹、位移量、切削参数(主轴转速、进给量、背吃刀量等)及辅助功能(换刀、主轴正反转、切削液开或关等),按照数控机床规定的指令代码及程序格式编写成加工程序,加工程序通过某种控制介质输入数控装置中并完成轨迹插补运算,控制机床执行机构的运动轨迹,同时通过反馈系统接收机床的位置与速度检测信号,精确加工出符合零件图要求的工件,数控加工的基本过程如图6-1 所示。

1. 控制介质

要想对数控机床进行控制,就必须在人与数控机床之间建立某种联系,这种联系的中间媒介就是控制介质,又称为信息载体,如穿孔纸带、磁带、磁盘、磁泡存储器等。

2. 计算机数控装置

计算机数控装置一般由输入/输出装置、控制器、运算器、接口电路、显示器等硬件和相应

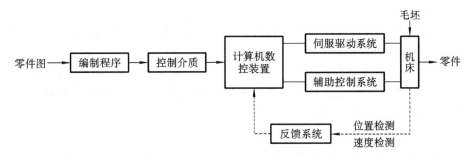

图 6-1　数控加工的基本过程

的软件组成。计算机数控装置的功能是接收输入装置传递的数控程序中的数控代码,计算机数控装置的系统软件或逻辑电路对数控代码进行识别、译码、运算和逻辑处理,然后发出相应的脉冲给伺服驱动系统,并通过反馈系统接收机床的位置检测和速度检测信号。

3. 伺服驱动系统

伺服驱动系统是以机床移动部件的位置和速度为控制量的自动控制系统,是计算机数控装置和机床的联系环节,接收 CNC 装置插补器发出的进给脉冲或进给位移量信息,进给脉冲或进给位移量信息经过变换和放大,由伺服电动机带动传动机构,最后转化为机床的直线或转动位移,使工作台精确定位或按规定的轨迹做严格的相对运动,加工出符合图样要求的零件。伺服驱动系统有步进电动机、直流电动机及交流电动机驱动系统三大类。

4. 辅助控制系统

辅助控制系统的作用是把计算机数控装置送来的辅助控制指令,经机床接口转换成强电信号,用以控制主轴电动机启、停,主轴转速调整,冷却泵启、停,以及工作台的转位和换刀等动作。

6.1.2　数控编程的一般步骤

从分析零件图到制成控制介质的全部过程统称为数控程序的编制,简称数控编程。数控编程的一般步骤如图 6-2 所示。

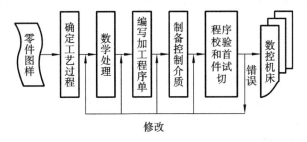

图 6-2　数控编程的一般步骤

1. 分析零件和确定工艺过程

数控编程之前,编程人员应熟悉所用的数控机床的规格、性能、功能及编程指令格式等。根据零件形状尺寸及其技术要求,分析零件的加工工艺,选定合适的机床、刀具与夹具,确定合理的零件加工工艺路线、工步顺序及切削用量等工艺参数,这些工作与普通机床加工零件时的编制工艺规程基本是相同的。

1）确定加工方案

确定加工方案时应考虑数控机床使用的合理性及经济性，并充分利用数控机床的功能。

2）工装夹具的设计和选择

设计和选择工装夹具应考虑迅速完成工件的定位和夹紧过程，以缩短辅助时间。使用组合夹具，生产准备周期短，夹具零件可以反复使用，经济效益好。此外，所用夹具应便于安装，便于协调工件和机床坐标系之间的尺寸关系。

3）选择合理的走刀路线

合理地选择走刀路线对于数控加工非常重要。选择走刀路线时应考虑：

（1）尽量缩短走刀路线，减少空走刀行程，提高生产效率；

（2）合理选取起刀点、切入点和切入方式，保证切入过程平稳，没有冲击；

（3）保证加工零件的精度和表面粗糙度要求；

（4）保证加工过程的安全性，避免刀具与非加工面的干涉；

（5）有利于简化数值计算，减小程序段数量和编制程序工作量。

4）选择合理的刀具

根据工件材料的性能、机床加工能力、加工工序的类型、切削用量以及其他与加工有关的因素来选择刀具，同时还要考虑刀具的结构类型、材料牌号、几何参数。

5）确定合理的切削用量

在工艺处理中，按照金属切削原理，根据所选取的刀具、工件的特点，确定切削用量。

2. 数学处理

在编写 NC 程序时，根据零件的形状尺寸、加工工艺路线的要求和定义的走刀路径，在适当的工件坐标系上计算零件与刀具相对运动的轨迹的坐标值，以获得刀位数据。

在计算刀具加工轨迹前，正确选择编程原点和工件坐标系极其重要。工件坐标系是指在数控编程时，在工件上确定的基准坐标系，其原点也是数控加工的对刀点。所选的工件坐标系应使程序编制简单，工件坐标系原点应选在容易找正、在加工过程中便于检查的位置，所选的工件坐标系引起的加工误差要小。

3. 编写零件加工程序单

根据制定的加工路线、刀具运动轨迹、切削用量、刀具号码、刀具补偿要求及辅助动作，按照机床数控系统使用的指令代码及程序格式要求，编写零件加工程序单，并进行初步的人工检查及反复修改。

4. 制备控制介质

早期的数控机床上都配备光电读带机，用以作为加工程序输入设备，识别穿孔纸带。当加工程序较简单时，也可以通过键盘将其以人工方式输入数控系统中。近年来，许多数控机床采用各种与计算机通用的程序输入方式，只需要在普通计算机上输入编辑好的加工程序，就可以直接传送到数控机床的数控系统中。

5. 程序校验和首件试切

通常编制的加工程序必须经过进一步的校验和试切削才能用于正式加工。当发现错误时，应分析错误的性质及产生的原因，或修改加工程序单，或调整刀具补偿尺寸，直到符合图纸规定的精度要求为止。

对于平面轮廓，可在机床上采用空走刀检测，空运转、空运行画图检验，在屏幕上模拟加工过程的轨迹和图形显示检测结果；对于空间曲面零件，采用铝、塑料、石蜡或木料等易切材料试切方法来检验程序。但这些方法只能检查运动是否正确，不能检查出因刀具调整不当或编程计算不准而造成的工件误差的大小。用首件试切的方法进行实际切削检查,不仅可以检查出加工程序单和控制介质的错误,还可以知道加工精度是否符合工艺要求。

6.2　数控编程方法

数控编程大体经过了机器语言编程、高级语言编程、代码格式编程、人机对话编程与动态仿真几个阶段。数控加工程序编制方法分为手工编程、自动编程和图形交互式编程等。

6.2.1　手工编程

手工编程是指人工编制零件数控加工程序,即从零件图纸分析、工艺决策、确定加工路线和工艺参数、计算刀位轨迹坐标数据、编写零件的数控加工程序单直至程序的检验,均由人工来完成。

对于点位加工或者几何形状不太复杂的轮廓加工,如阶梯轴的车削加工,一般不需要复杂的坐标计算,往往可以由编程人员根据工序图纸数据,直接编写数控加工程序。但对于轮廓形状较为复杂,特别是具有空间复杂曲面的零件,手工编程的数值计算相当烦琐,工作量巨大,而且程序校对和检验困难,编程效率低。

6.2.2　自动编程

自动编程采用计算机辅助数控编程技术来实现,需要一套专门的数控语言编程系统,用计算机代替人工进行数控机床的程序编制工作,如自动地进行数值计算、编写零件的加工程序单,自动地输出加工程序单、制备控制介质等。

数控语言编程系统用专用的语言和符号来描述零件的几何形状和刀具相对零件运动的轨迹、顺序和其他工艺参数等。由于采用类似于计算机高级语言的数控语言来描述加工过程,大大简化了编程过程,特别是省去了数值计算过程,提高了编程效率。用数控语言编写的程序称为源程序,计算机接收源程序后,首先进行编译处理,然后经过后置处理程序,生成控制机床的数控程序。

目前常用的数控编程语言是自动编程工具(automatically programmed tool,APT)语言,APT 语言是对工件、刀具的几何形状及刀具相对于工件的运动等进行定义时所用的一种接近于英语的符号语言。在编程时,编程人员依据零件图样,以 APT 语言的形式表达出加工的全部内容,再把用 APT 语言编写的零件加工程序输入计算机中,经编译产生刀位文件(cldata file),通过后置处理,生成数控系统能接受的零件数控加工程序,如图 6-3 所示。采用 APT 语

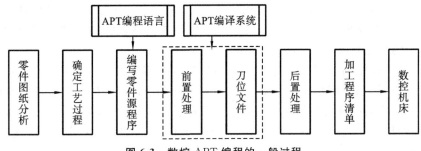

图 6-3　数控 APT 编程的一般过程

言自动编程时,计算机代替编程人员完成了烦琐的数值计算工作,省去了编写加工程序单的工作,因此,可将编程效率提高数倍到数十倍,同时,也解决了手工编程中无法解决的许多复杂零件的编程难题。

APT 语言使用类似英语语言来描述,非常接近人们常用语言的形式,便于记忆、编写,用 APT 语言编写的零件源程序由 APT 处理系统能识别的语句和数据组成。每个 APT 处理系统都规定了一套基本符号、字母和数字,它们共同构成 APT 源程序。APT 源程序主要包括以下语句:

(1) 初始语句。初始语句是给零件源程序做标题用的语句,如 PARTNO。

(2) 几何定义语句。几何定义语句用于说明零件轮廓的几何形状、进刀点位置和进刀方向等。它是描述走刀路线的基础,一般的表达形式为:(几何元素标识符)=(几何元素专用词)/(几何元素定义方式)。APT 语言提供点(POINT)定义、直线(LINE)定义、圆弧(CIRCLE)定义、平面(PLANE)定义、圆柱面(CYLNDR)定义、一般二次曲线(GCONIC)定义、球面(SPHERE)定义等 10 余种几何定义类型,每种类型的几何元素又有多种定义形式。

(3) 刀具形状描述语句。刀具形状描述语句(如 CUTTER)指定实际使用的刀具形状,这是计算刀具端点所必须使用的信息。

(4) 容许误差语句。容许误差语句(如 OUTOL、INTOL)说明用直线逼近刀具曲线运动所容许误差的大小,其值越小,越接近理论曲线,但所需计算时间也随之增加。

(5) 刀具起始位置语句。在机床加工运动之前,刀具起始位置语句(如 FROM)要根据工件毛坯形状、夹具情况指定刀具的起始位置。

(6) 初始运动语句。在刀具沿控制面移动之前,初始运动语句(如 GO)先要指令刀具向控制面移动,直到容许误差范围为止,并指定下一个运动控制面。

(7) 刀具运动语句。刀具运动语句用于描述刀具的运动轨迹。APT 语言的刀具运动语句可分为点位编程语句和轮廓编程语句。点位编程语句有 FROM、GOTO、GODLTA 等。轮廓编程语句有 FROM、GOTO、GODLTA、GO、OFFSET、GOLFT、GORGT、GOFWD、GOBACK 等。

(8) 后置处理语句。这类语句与具体机床有关,如 MACHINE、SPINDL、COOLNT、END 等,指定所使用的机床和数控系统,指示主轴启停、进给速度的转换、切削液的开断等。

(9) 其他语句。其他语句包括打印语句 CLPRNT、结束语句 FINI 等。

6.2.3 图形交互式编程

图形交互式编程系统是现代 CAD/CAM 集成系统中常用的自动化编程系统。首先,编程人员利用 CAD 或自动编程软件本身的零件造型功能,构建出零件几何形状;然后,对零件图样进行工艺分析,确定加工方案;最后利用软件的 CAM 功能,完成工艺方案的制订、切削用量的选择、刀具及其参数的设定,自动计算并生成刀位轨迹文件,利用后置处理功能生成指定的用于数控系统的加工程序。

图形交互式编程的主要特点是零件的几何形状可在零件设计阶段采用 CAD/CAM 集成系统的几何造型模块,在图形交互方式下进行定义、显示和修改,最终获得零件的几何模型。数控编程是在屏幕菜单及命令驱动等图形交互方式下完成的,具有形象、直观和高效等优点。目前,典型的图形交互式编程系统有 MasterCAM、SurfCAM、UGNX 等。图形交互式编程主要包括 5 个步骤。

1. 几何造型

几何造型是利用 CAD 或 CAM 软件把被加工工件的几何模型构造出来。与此同时,在计算机内自动形成零件几何模型数据库。它相当于 APT 语言自动编程中,用几何定义语句定义零件的几何图形的过程,不同点在于它不是用语言,而是用计算机造型的技术将零件的图形数据输送到计算机中。这些数据是下一步刀具轨迹计算的依据。在自动编程过程中,图形交互式编程软件将根据加工要求提取这些数据,以进行分析判断和必要的数学处理,形成加工的刀具位置数据。

2. 加工工艺决策

选择合理的加工方案和工艺参数是准确、高效加工工件的前提条件。加工工艺决策内容包括定义毛坯尺寸、边界、刀具尺寸、刀具基准点、进给率、快进路径及切削加工方式。首先,根据模型形状及尺寸,设置毛坯的形状及尺寸;然后,定义边界和加工区域,选择合适的刀具类型及其参数,并设置刀具基准点。CAM 系统中有不同的切削加工方式,可为粗加工、半精加工、精加工各个阶段选择相应的切削加工方式。

3. 刀位轨迹的计算及生成

图形交互式编程的刀位轨迹的生成是面向屏幕上的零件模型交互进行的。首先在刀位轨迹生成菜单中选择所需的菜单项;然后根据屏幕提示,用光标选择相应的图形目标,指定相应的坐标点,输入所需的各种参数。交互式图形编程软件将自动从图形文件中提取编程所需的信息,进行分析判断,计算出节点数据,并将其转换成刀位数据,存入指定的刀位文件中,或直接进行后置处理生成数控加工程序,同时在屏幕上显示出刀位轨迹图形。

4. 后置处理

由于不同机床使用的数控系统不同,所用的数控指令文件的代码及格式也有所不同。为解决这个问题,图形交互式编程软件通常设置一个后置处理文件。在进行后置处理前,编程人员需对该文件进行编辑,按文件规定的格式定义数控指令文件所使用的代码、程序格式、圆整化方式等,在执行后置处理命令时将自行按设计文件定义的内容,生成所需的数控指令文件。此外,由于某些软件采用固定的模块化结构,功能模块和控制系统是一一对应的,后置处理过程已固化在模块中。因此,在生成刀位轨迹的同时便自动进行后置处理生成数控指令文件,而无需再进行单独后置处理。

5. 程序输出

图形交互式编程软件在计算机内自动生成刀位轨迹图形文件和数控程序文件,可使用打印机打印数控加工程序单,也可在绘图机上绘制出刀位轨迹图,使机床操作者更加直观地了解加工的走刀过程,还可使用计算机直接驱动的纸带穿孔机制作穿孔纸带,供装备有读带装置的机床控制系统使用,有标准通信接口的机床控制系统可以和计算机直接联机,由计算机将加工程序直接传输给机床控制系统。

6.3　数控编程系统中的基本术语

在数控编程系统中,为了表达方便,形成了很多约定的术语,只有了解了这些术语才能更好地使用数控编程系统。

6.3.1　数控机床坐标系统

1. 直线进给和圆周进给运动坐标系

为一个直线运动或一个圆周运动定义了一个坐标轴。在 ISO 和 EIA 标准中,规定直线进给运动用右手直角笛卡儿坐标系。X、Y、Z 轴的相互关系用右手定则决定。绕 X、Y、Z 轴旋转的圆周进给坐标轴分别用 A、B、C 表示,用右手螺旋定则决定其正向。

对于数控机床而言,有的是刀具运动,有的是工件运动。在不知道刀具与工件之间如何做相对运动的情况下,为了便于确定机床的进给操作,特此规定:X、Y、Z 轴的正向总是假定工件不动,刀具相对工件运动。在右手直角笛卡儿坐标系中,数控机床坐标轴定义如图 6-4 所示。

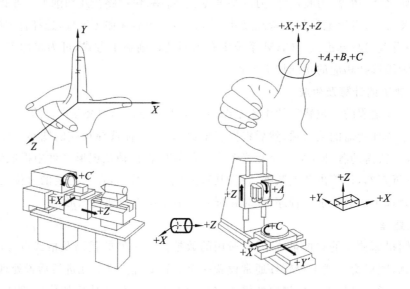

图 6-4　数控机床坐标轴定义

1)Z 轴

Z 轴平行于主轴。如果没有主轴,则规定垂直于工件装夹表面的坐标轴为 Z 轴,Z 轴的正向是使刀具远离工件的方向。

2)X 轴

对于刀具旋转的机床:当 Z 轴水平时,沿刀具主轴向工件看,X 轴的正向指向右边。当 Z 轴垂直时,对于单立柱机床,沿刀具主轴向立柱看,X 轴的正向指向右边;对于双立柱机床,沿刀具主轴向左立柱看,X 轴的正向指向右边。

对于工件旋转的机床:X 轴的运动方向是工件的径向并平行于横向拖板,刀具离开工件回转中心的方向是 X 轴的正向。

3)Y 轴

利用已确定的 X 轴、Z 轴的正向,用右手定则确定 Y 轴的正向。

2. 机床坐标系与工件坐标系

1)机床坐标系

机床坐标系(machine coordinates)是指机床上固有的坐标系,并设有固定的坐标原点。机床上有固定的基准线(主轴中心线)和固有的基准面(工作台面、主轴端面和 T 形槽侧面)。

手动使机床返回各坐标轴原点(零点),利用各坐标轴部件上的基准线和基准面之间的给定距离来决定机床原点的位置。

2)工件坐标系

工件坐标系(part coordinates)是指编程人员在编程时使用的、由编程人员以工件图纸上的某一固定点为编程原点建立的坐标系。在该坐标系下编程尺寸都由工件坐标系中的尺寸确定。

在工件随夹具在机床上安装后,测量工件原点与机床原点之间的距离,该距离称为工件原点偏置值,即机床原点在工件坐标系中的绝对坐标值。该偏置值可以通过测量某些基准面、线之间的距离确定,也可以预存到数控系统中。加工时,工件原点偏置值能自动加载到机床坐标系中,使数控系统可按机床坐标系确定加工时的坐标值。

3. 相对坐标系与绝对坐标系

1)相对坐标系

相对坐标系是指运动轨迹的终点坐标是相对于起点计量的坐标系,又称为增量坐标系。

2)绝对坐标系

绝对坐标系是指所有坐标点的坐标值都是从某一固定坐标原点计量的坐标系。

6.3.2　刀具运动控制面

为明确指定刀具相对工件的关系,APT 系统定义了三个控制面。一般来说,控制运动由导动面(drive surface,DS)、零件面(part surface,PS)和检查面(check surface,CS)这三个控制面来确定。为保持刀具连续切削,必须使上一段程序所给定的检查面,成为下一段程序的驱动面。图 6-5 所示为定义刀具空间位置的三个控制面。

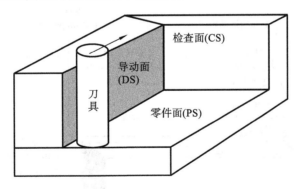

图 6-5　定义刀具空间位置的控制面

1. 导动面

导动面是指在进行指定的切削运动过程中,引导刀具保持在指定公差范围内运动的面。导动面与刀具之间存在三种相对关系,即刀具在导动曲线的右边(right)、刀具在导动曲线的左边(left)以及刀具在导动曲线之上(on),如图 6-6 所示。

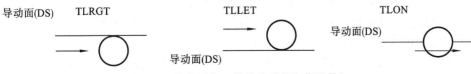

图 6-6　导向面与刀具的关系(TL 指刀具)

2. 零件面

零件面是指零件上待加工的表面,主要作用是在刀具沿导动面运动时控制刀具的高度(也就是在 Z 轴方向上的高度)。零件面是在加工过程中与刀具始终保持接触的表面,可控制刀具切削的深度。

3. 检查面

检查面是指在保持导动面与零件面的给定关系的情况下刀具运动时,指定刀具停止位置的面。当刀具停止运动时,检查面与刀具有三种关系:刀具停止运动时刀具前缘切于检查面(to)、刀具停止运动时正好停在检查面上(on),以及刀具停止运动时刀具后缘切于检查面(past),如图 6-7 所示。

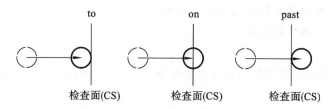

图 6-7　刀具停止运动时与检查面之间的三种关系

由于在切削过程中刀具速度非常大,这时需要一个安全平面,避免刀具与零件函台、夹具或压板冲撞,为操作人员提供观察加工情况的空间,并尽量节省刀具空行程的长度。

6.3.3　切削加工过程

切削加工过程一般分为 6 个阶段,如图 6-8 所示。

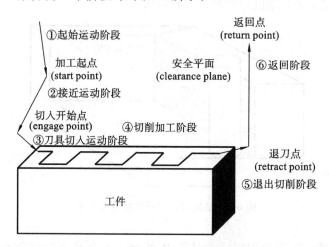

图 6-8　切削加工过程的阶段划分

(1)起始运动阶段。刀具由机床原点运动到加工起点,又称为快速运动阶段。

(2)接近运动阶段。刀具由加工起点运动到切入开始点。

(3)刀具切入运动阶段。这是指以切入的行程控制刀具的开始切入点阶段,其进给速度应略小于正常切削进给量,以保证安全(进刀)。

(4)切削加工阶段。主要包括:刀具切入后第一条加工轨迹阶段,可以由用户自行定义其加工进给量(第一刀);切削阶段,刀具每条切削轨迹之间的移动量称为每步切入量或行距。

（5）退出切削阶段。刀具完成切削后退出切削阶段,切削速度一般取切削进给速度(退刀)。

（6）返回阶段。刀具由加工起点返回机床原点(快移)。

6.4　数控编程的切削方式

根据不同的加工对象,切削方式也是不同的,基本上可分为 4 种情况:点位加工、平面轮廓加工、型腔加工和曲面加工。

6.4.1　点位加工

在点位加工中,刀具从一点运动到另一点时不切削,各点的加工顺序一般也没有要求。点位加工一般根据换刀次数最少原则及路线最短原则,确定加工路线,生成刀具运动轨迹。

6.4.2　平面轮廓加工

平面轮廓加工一般采用环切方式,即刀具沿着某一固定的转向围绕工件轮廓做环形运动,最后一环的刀具运动轨迹是工件轮廓的等距曲线,即将加工轮廓线按实际情况左偏或右偏一个刀具半径。

由于加工面是直纹面,采用图 6-9(a)所示的方案显然比较有利,每次沿直线走刀,刀位计算简单,程序段少,加工过程符合直纹面造型规律,可以保证母线的直线度;而图 6-9(b)所示的方案的刀位计算复杂,计算量大,程序段多。

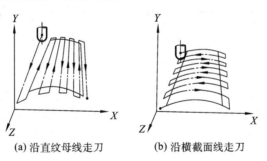

(a) 沿直纹母线走刀　　　　(b) 沿横截面线走刀

图 6-9　发动机叶片的走刀路线

6.4.3　型腔加工

型腔是指由封闭的约束边界及其底面构成的凹坑,如图 6-10 所示。一般情况下,凹坑的坑壁(外轮廓)与底面垂直,但也有和底面成一定锥度的。有的型腔中存在凸台,凸台称为岛屿(内轮廓)。型腔加工是成型模具和机械零件加工中常见的一种加工形式,型腔加工的方法主要有行切法(zigzag)和环切法(spiral)。

二维型腔主要是指以平面封闭轮廓为边界的平底直壁凹坑。二维型腔加工的一般过程是:首先沿轮廓边界留出精加工余量,然后使用平底端铣刀以环切或行切方式走刀,铣去型腔的多余材料,最后沿型腔底面和轮廓走刀,精铣型腔底面和边界外形。

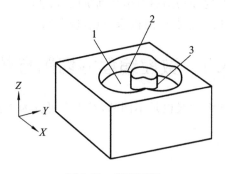

图 6-10　平面型腔

1—底面；2—外轮廓；3—内轮廓

1. 行切法

采用行切法，刀具可以按 S 形或 Z 形方式走刀，当型腔较深时，则需要分层进行粗加工，这时还需要定义每一层粗加工的深度及型腔的实际深度，以便计算粗加工时所需的分层层数，如图 6-11 所示。

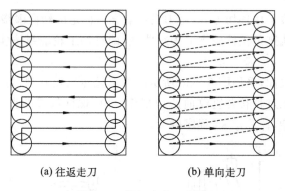

(a) 往返走刀　　　　　　　　　　(b) 单向走刀

图 6-11　行切法走刀路线

行切法的刀位点计算比较简单，主要是利用一组平行线与型腔内、外轮廓求交，计算出有效交线，按一定顺序依次将有效交线编程输出。在遇到型腔中的岛屿时，可抬刀到安全高度越过岛屿，或者沿岛屿边界绕过去，或者反向回头继续切削。若型腔内轮廓不是凸台而是凹坑，可以直接跨越过去进行切削编程。

2. 环切法

环切法是指环绕被加工型腔的轮廓边界进行加工的方法。刀具基本上是做与工件轮廓等距离的环上运动，逐步切近工件，最后一环是沿工件轮廓向左或向右偏离一个刀具半径的曲线，这种方法具有加工状态平稳、轮廓表面加工质量好等优点，是一种常用的数控加工方法，如图 6-12 所示。

环切法的刀位计算方法较多，但其基本思想为：

（1）对型腔轮廓边界的进行定义：外轮廓以顺时针方向描述，内轮廓以逆时针方向构造；

（2）根据加工精度要求和型腔底面曲率半径几何结构确定每次走刀的偏置量（offset value）；

（3）按照确定的偏置量由外轮廓向内、内轮廓向外进行偏置环计算；

（4）对偏置环进行干涉检查，去除干涉部分，形成新的内外环边界；

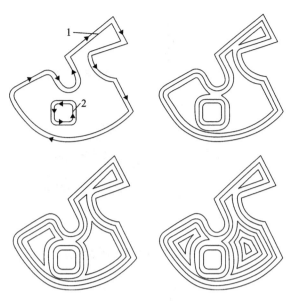

图 6-12　环切法刀具轨迹生成过程
1—外轮廓；2—内轮廓

（5）重复上述步骤，新环不断生成、分裂、退化直至完全消失。

6.4.4　曲面加工

曲面加工的切削方式比较复杂，根据加工精度、表面粗糙度要求，曲面加工需要经过粗加工、半精加工、精加工等阶段，每个阶段的切削方式是不同的。根据曲面形状的差异，切削方式也是不一样的。

粗加工阶段采用分层行切（也可以是环切）加工方式，刀具一般使用圆柱立铣刀。在半精加工或精加工阶段，需要使用球形铣刀进行加工，切削方式可以是行切或环切方式，更复杂的有等参数曲线法、任意切片法、等高线法。

1. 等参数曲线法

如图 6-13 所示，在曲面加工中刀具沿参数曲面 u 向或 v 向等参数线进行切削加工。若在参数 $u=u_0$ 不变的情况下，刀具运动轨迹将由曲线 $P(u_0,v)$ 及其法矢 n 决定。两等参数线之间的距离，即行距的大小，由法矢、曲率半径、刀具矢量方向及加工精度等因素决定。

2. 任意切片法

在三轴坐标系中，若刀具轴线与 Z 轴平行，如果用垂直于 XOY 平面的任意一族平行的平面去截待加工曲面，都将会得到一组曲线族。刀具沿着该曲线族进行曲面加工的方法称为切片加工法，如图 6-14 所示。任意切片法的刀位计算所消耗时间较长。

3. 等高线法

等高线法是指用一组水平平面族截待加工曲面，从而得到一个个等高的曲线的方法。切削加工时，从曲面的最高点开始向下切削，直至将整个曲面加工完毕，如图 6-15 所示。等高线法的刀位计算所消耗的时间最长，各层层高需由加工精度、曲面曲率等因素决定。

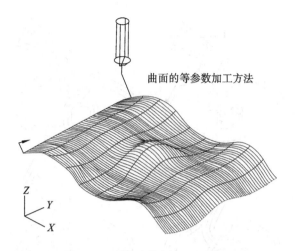

曲面的等参数加工方法

图 6-13　曲面的等参数加工方法

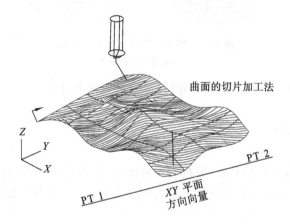

曲面的切片加工法

图 6-14　曲面的切片加工法

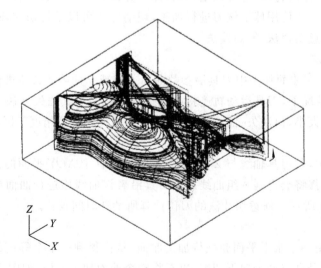

图 6-15　曲面的等高线加工法

6.5　数控编程中的刀位计算

刀位点即数控编程中表示刀具编程位置的坐标点。由于零件轮廓千差万别,在刀位点计算过程中,要考虑非圆曲线轮廓对刀位点计算的影响,并适当选择刀具类型和加工步长,分析零件内外腔的加工过程中的区别。同时,不可忽视刀具半径补偿,要对刀具加工过程的干涉可能性进行检验,以保证编程精度和加工精度。

6.5.1　非圆曲线刀位点的计算

无论是手工编程,还是自动编程,都要按照已经确定的加工路线和允许的编程误差进行刀位点的计算。加工三维型面时,先应根据被加工型面的几何形状和工艺精度要求,将其分割成若干条走刀轨迹,然后根据每条轨迹计算刀位点。

1. 用直线段逼近轮廓曲线的节点计算

常用的节点计算方法有等间距法、等弦长法和等误差法,如图 6-16 所示。等间距法的关键是合理确定 Δx,既要满足允许误差的要求,又要使节点尽可能少。等弦长法使所有逼近线段的长度相等。等误差法则是使所有逼近线段的误差相等。

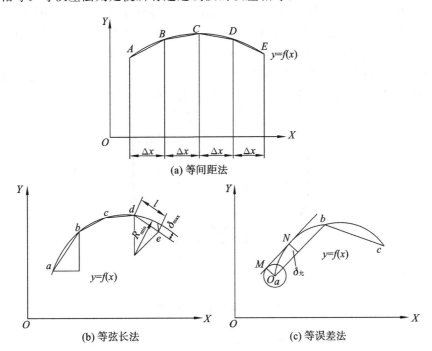

图 6-16　直线段逼近法求节点

2. 用圆弧逼近零件轮廓的节点计算

圆弧逼近法又称为曲率圆法,是一种等误差圆弧逼近法。常用的方法有直线元素法、内切双圆弧法及外切双圆弧法,如图 6-17 所示。

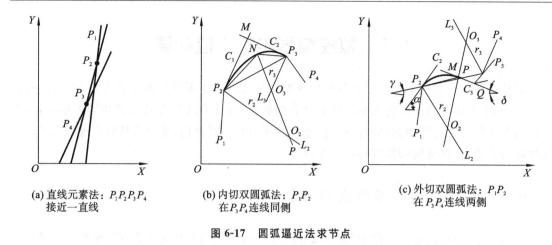

(a) 直线元素法：$P_1 P_2 P_3 P_4$
接近一直线

(b) 内切双圆弧法：$P_1 P_2$
在 $P_3 P_4$ 连线同侧

(c) 外切双圆弧法：$P_1 P_2$
在 $P_3 P_4$ 连线两侧

图 6-17　圆弧逼近法求节点

6.5.2　球头铣刀行距和步长的确定

曲面零件的数控加工通常使用球头铣刀,此时多采取行切法进行加工,即铣刀沿坐标轴方向或曲面参数轴方向对曲面一行一行地进行加工,每加工完一行,铣刀移动一个行距,直至将整个曲面加工完毕。

用球头铣刀对曲面进行行切法加工时,必然在被加工表面留下一段较为明显的残留高度,残留高度的大小取决于刀具半径和切削行距。其中刀具半径越大,残留高度越小;切削行距越小,残留高度越小,但会使走刀次数增加,程序量随之增大。

因此,在选定刀具半径的前提下,根据球头铣刀的参数(见图 6-18),球头铣刀的刀具半径 R、行距 S 和步长 L 将直接影响零件的加工精度、表面粗糙度和程序量。

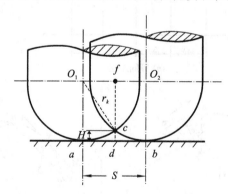

图 6-18　球头铣刀的参数

行距的计算公式为 $S = 2\overline{ad}$, 其中, $\overline{ad} = \overline{O_1 f} = \sqrt{r_k^2 - \overline{fc}^2} = \sqrt{r_k^2 - (r_k - \overline{cd})^2} = \sqrt{2 r_k \overline{cd} - \overline{cd}^2}$。因为 $\overline{cd} = H$ 且 $S = 2\sqrt{H(2 r_k - H)}$,所以对于曲面而言有 $S = 2\sqrt{H(2 r_k - H)} R/(r_k + R)$。在行距确定后,一行内的切削加工实际上是对曲线的加工。

6.5.3　刀具补偿的转接方式

在刀具切削过程中,会产生棱角,因此在有些 CAD/CAM 系统中,对刀具补偿过程中的转接方式进行了专门的处理,并提供了多种方法供用户选择,主要有三种方法:直线连接过渡、圆弧连接过渡或圆弧切线过渡。在过渡方式中,主要以切削轮廓矢量夹角来确定过渡方式,一般来说,转角过渡处理方法有圆弧过渡、伸长型过渡、插入型过渡和缩短型过渡等,如图 6-19 所示。

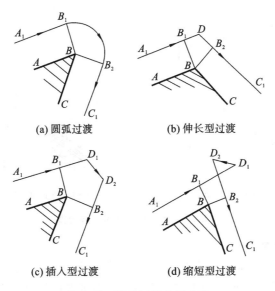

(a) 圆弧过渡　　　　　　　(b) 伸长型过渡

(c) 插入型过渡　　　　　　(d) 缩短型过渡

图 6-19　转角过渡处理方法

6.5.4　刀具干涉检查

在三维型面加工中往往存在着多个检查面,如果忽略了某个检查面,常常会导致加工过程的干涉。如图 6-20 所示,对于带有直弯折的两个平面,当加工水平面时,不将垂直面作为检查面,或加工垂直面时,不将水平面作为检查面,均会导致加工过程的干涉。因此,在刀具轨迹生成后,常常需要进行刀具干涉检查。

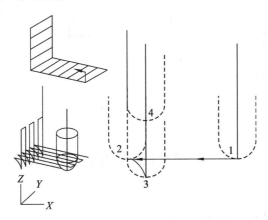

图 6-20　刀具干涉检查

1. 刀具运动方向的干涉检查

这种干涉检查方法仅校核检查刀具运动方向上的加工干涉,若检查发现干涉现象存在,系统将自动修正刀具运动轨迹,直至消除为止。如图 6-21(a)所示,在刀具切削运动方向有一凹槽,系统将检查其曲率半径是否小于刀具半径,若小于,则修改刀具轨迹,以避免出现过切现象。这种方法不检查不在刀具运动方向上的过切,如图 6-21(b)所示,刀具切削运动方向改变后便会产生加工过程的过切。

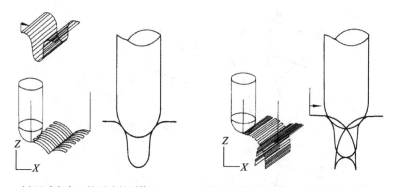

(a)运动方向上的干涉得到修正　　　　(b) 不在运动方向上的干涉得不到修正

图 6-21　运动方向上的干涉检查

2. 全方位刀具干涉检查

系统考虑刀具在零件面全方位的干涉情况,无论刀具运动方向如何,都可以检测干涉是否存在,避免过切的代价是花费较长的干涉检查时间。在全方位的刀具干涉检查时,较普遍的算法是将零件面离散成一个个小曲面片。如图 6-22 所示,计算刀具中心到小曲面片距离是否小于刀具半径,若小于,则表示干涉,需要抬刀或绕行。

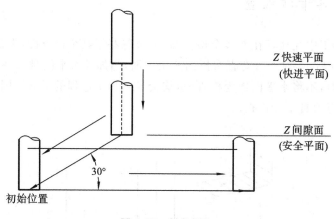

图 6-22　斜角切入

6.6　数控编程中的工艺策略

6.6.1　粗、精加工的工艺选择

数控加工分为粗加工、半精加工和精加工三个加工工艺。对于不同的加工工艺,刀具、加工路径、进刀方式也不尽相同,利用 CAM 系统进行数控编程时,必须进行不同的选择。

1. 刀具的选择

粗加工一般选用平底铣刀,不宜选用球头铣刀,刀具的直径应尽可能大。

精加工刀具类型主要根据被加工表面的形状要求而定,可选择平底铣刀、球头铣刀或圆角铣刀。在满足要求的情况下,优先选用平底刀具。

在曲面加工中,若曲面属于直纹曲面或凸型曲面,应尽量选择圆角铣刀,少用球头铣刀。刀具的选择应按从大到小的顺序逐步过渡,即先用大直径刀具完成大部分的曲面加工,再用小直径刀具进行清角或局部加工。

2. 加工路径的选择

粗加工时,刀具的加工路径一般采用单向切削。因为粗加工时切削量较大,切削状态与用户选择的顺铣与逆铣方式有较大关系,单向切削可保证切削过程平稳。可根据加工的部位适当改变安全平面的高度以提高效率。

精加工时,刀具的加工路径一般采用双向切削,这样可以大大减少空行程,提高切削效率。因为精加工时切削力较小,对顺铣、逆铣方法反应不敏感。

3. 进刀方式的选择

粗、精加工对进刀方式选择的出发点是不同的。粗加工选择进刀方式主要考虑的是刀具切削刃的强度,而精加工选择进刀方式考虑的是被加工工件的表面质量,不会在被加工表面留下进刀痕。

对于外轮廓的粗加工,刀具的起刀点应放在工件毛坯的外面,从而逐渐向工件毛坯里面进行进刀;对于型腔的加工,可先预钻工艺孔,以便刀具落在合适的高度,再进行进给加工,也可以一定的斜角切入工件。

6.6.2　刀具的切入和切出引导

考虑刀具的进、退刀(切入、切出)路线时,刀具的切出或切入点应在沿零件轮廓的切线上,以保证工件轮廓光滑;应避免在工件轮廓面上垂直上、下刀而划伤工件表面;尽量避免在轮廓加工切削过程中的暂停(切削力突然变化导致弹性变形),以免留下刀痕。

在二维切削加工时,刀具的切入切出引导,分为圆弧切入切出引导(见图 6-23)、垂直切入切出引导(见图 6-24)和平行切入切出引导(见图 6-25)。

在三维切削加工时,刀具的切入切出引导主要有潜入式切入切出引导、水平切入切出引导、法向切入切出引导及切向切入切出引导,如图 6-26 所示。

6.6.3　走刀路线的优化

如果一个加工零件上有许多待加工对象,那么如何安排各个对象的加工次序,以获得最短的刀具运动路线,是走刀路线的优化问题。在 CAM 系统中,走刀路线的优化有两种计算方法:一种是距离最近法,另一种是配对法。

1. 距离最近法

从起始对象开始,搜寻与该对象距离最近的下一个对象,直到所有对象全部优化为止。图 6-27 所示为加工孔优化图。图 6-27(a)所示为零件上的孔系。图 6-27(b)所示的走刀路线为先加工完外圈孔后,再加工内圈孔。若改用图 6-27(c)所示的走刀路线,缩短空刀时间,则可节

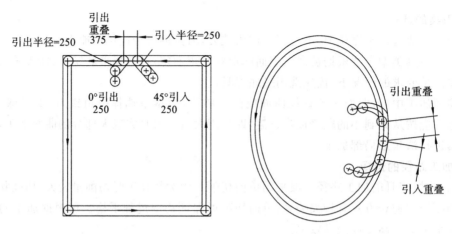

图 6-23　圆弧切入切出引导

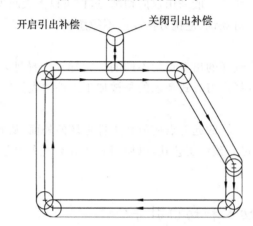

图 6-24　垂直切入切出引导

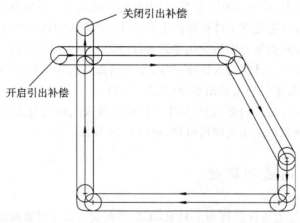

图 6-25　平行切入切出引导

省定位时间,提高了加工效率。

2. 配对法

配对法是指以相邻距离最近为原则使两个对象一一配对,然后使已配对好的对象再次进行两两配对,直至优化结束,如图 6-28 所示。配对法所消耗的时间较长,但能获得更好的优化效果。

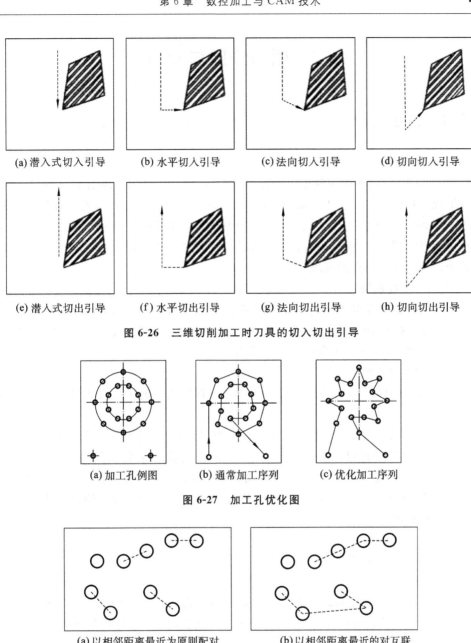

(a) 潜入式切入引导　　　(b) 水平切入引导　　　(c) 法向切入引导　　　(d) 切向切入引导

(e) 潜入式切出引导　　　(f) 水平切出引导　　　(g) 法向切出引导　　　(h) 切向切出引导

图 6-26　三维切削加工时刀具的切入切出引导

(a) 加工孔例图　　　　(b) 通常加工序列　　　(c) 优化加工序列

图 6-27　加工孔优化图

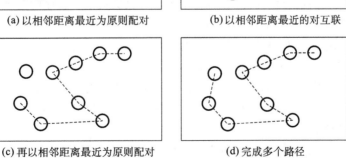

(a) 以相邻距离最近为原则配对　　　　　(b) 以相邻距离最近的对互联

(c) 再以相邻距离最近为原则配对　　　　　(d) 完成多个路径

图 6-28　配对法

　　如果在加工中需要使用不同的刀具,这时在路径优化的同时,还要考虑刀具的更换分类,否则在加工过程中可能导致多次换刀,影响整个加工过程的效率。

6.7　后置处理与 DNC

6.7.1　后置处理

CAM 系统对被加工的零件表面进行刀位计算后生成一个可读的刀位文件(cutter location source,CLS),该刀位文件由刀位设置、刀具运动、加工控制、进给率、显示及后处理等各类命令组成。这种刀位文件还不能直接供数控机床加工控制使用,因为各数控机床所需的指令格式不尽相同,在刀位文件生成后还必须对其进行转换修改,以满足不同机床控制系统的特定要求,这种转换修改过程称为后置处理。按照后置处理的原理的不同,后置处理模块分为专用后置处理模块和通用后置处理模块。

1. 专用后置处理模块

专用后置处理模块针对不同的数控系统提供不同的后置处理,MasterCAM 的后置处理便属于这种类型,这类系统的后置处理需要一个庞大的后置处理模块库,刀位文件经过一个个专用后置处理模块后,才能为各自的机床提供服务。

2. 通用后置处理模块

UG、Pro/E 等 CAD/CAM 系统采用通用后置处理模块。通用后置处理模块需要以下三种软件资料:

(1) 机床数据文件(machine data file,MDF):可以由 CAM 系统提供的机床数据文件生成器生成。MDF 描述所使用机床的控制器类型、指令定义、输出格式等机床特征。

(2) 刀位文件:描述刀具的位置、刀具运动、控制、进给速度等与数控加工有关的信息。

(3) 后处理模块(postprocessor module,PM):是一个可执行程序,用以将刀位文件转换成机床控制数控代码的软件程序。

6.7.2　DNC 技术

20 世纪 60 年代,计算机的高成本是阻碍数控机床普及的主要因素,为了降低成本,将若干台数控设备直接连接在一台计算机上,由中央计算机负责数控程序的管理和传送,这就是最早的直接数字控制(direct numerical control,DNC)。

20 世纪 70 年代,硬件的成本不再是影响数控机床应用的主要因素,DNC 的基本功能发生了一些变化,数控程序不再以实时的方式传给数控设备,而是一次完成全部传输,保存在数控机床的程序存储器中,在需要时可以启动运行,这就是分布式数字控制(distributed numerical control,DNC),其除了具有直接数字控制的功能以外,还具有系统信息收集、系统状态监控和控制功能。

20 世纪 80 年代,随着信息技术和先进制造技术的发展,DNC 的功能和内容也在不断增加。

从传输的内容和实现的功能上来看,DNC 系统传输的不仅包括 NC 程序,而且包括执行特定生产任务所需的制造数据,如刀具数据、作业计划、机床配置信息等。部分 DNC 系统还具有机床状态采集和远程控制等功能。

从车间的地位及其所发挥的作用上来看,利用 DNC 的通信网络可以把车间内的数控机床通过调度和运转控制联系在一起,从而掌握整个车间的加工情况,便于实现加工物件的传送和自动化检测设备的连接。

DNC 系统连接数控设备和上层计算机,是实现 CAD/CAM 集成的纽带,是实现设计制造一体化的桥梁。因此,DNC 是实现信息集成制造的一个层次,既可以单独使用,也可以继续发展为 FMS 和 CIMS。DNC 系统示意图如图 6-29 所示。

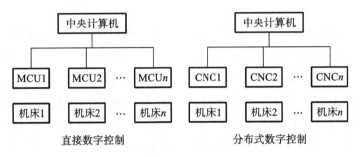

图 6-29　DNC 系统示意图

总的来说,DNC 系统能够对车间的加工设备进行有效地整合,提高了设备的利用率,缩短了机床的辅助时间,还能使车间的资源与信息透明化,降低了管理成本及管理难度,扭转了过去对设备无法掌控的被动局面。DNC 系统实现了 NC 程序的集中管理与集中传输,车间现场不再需要大量的台式计算机及桌椅板凳,取而代之的是一些工业触摸屏,整个车间显得更整洁,更符合车间精益生产管理的要求。

思考与习题

(1) 数控加工的基本过程是什么?
(2) 数控编程的一般过程是什么?
(3) 数控编程与传统工艺编程各有什么特点?
(4) 选择数控加工路线时应遵循哪几个原则?
(5) 请简要说明 CAM 编程的一般步骤。
(6) 数控加工为什么要刀具补偿? 刀具补偿的连接方式有哪些?
(7) 型腔加工中行切法和环切法各有什么特点?
(8) 与刀具有关的三个控制面有哪些,各有什么作用?
(9) 何为 CAM 的后置处理,为什么需要后置处理?
(10) 试解释计算机数控系统。

第7章 机械 CAD/CAM 集成技术

国内外大量经验表明,CAD 系统的效益往往不是通过本身体现出来的,而是通过 CAM 和生产计划控制(production planning control,PPC)系统体现出来的。反过来,如果 CAM 系统没有 CAD 系统的支持,花巨资引进的设备往往很难得到有效利用;PPC 系统如果没有 CAD 系统和 CAM 系统的支持,既得不到完整、及时和准确的数据,又难以执行制定的计划。随着 CAD/CAM 技术在制造业中的应用日益广泛,数据烟囱(又称为信息孤岛)和碎片化应用越来越普遍。因此,CAD/CAM 系统集成应用已经成为企业必须解决的关键问题之一。

通过本章的学习,了解集成的基本概念、集成的基本原则及 CAD/CAM 集成系统的结构类型;重点掌握 CAD/CAM 集成的关键技术;掌握计算机集成制造系统的概念及其功能划分;了解集成技术发展的趋势。

7.1 集成技术概述

机械 CAD/CAM 集成技术提供一种以某类产品为主、更高效能的设计/制造整体系统,以工程数据库为核心,以图形系统和网络软件为支撑,将机械 CAD/CAM 系统连接成一个有机的整体,从而实现系统应用的综合优化。

7.1.1 集成的概念

集成和连接不同,集成不是简单地把两个或多个单元连接在一起,而是将原来没有联系或联系不紧密的单元组成为具有一定功能、紧密联系的新系统。只有将 CAD/CAM 放到整个集成化系统中,才能理解 CAD/CAM 集成的概念。从宏观上看,CAD/CAM 集成主要包括系统运行环境的集成、信息的集成、应用功能的集成、技术的集成以及人和组织的集成。一般而言,CAD/CAM 集成系统应具备数据共享、系统集成化和开放性三个基本特征。

(1) 数据共享。系统中各部分的输入可一次性完成,每一个部分不必重新初始化,各子系统产生的输出可为其他有关的子系统直接接收使用,不必进行人工干预。

(2) 系统集成化。系统中功能不同的软件,按不同的用途有机地结合起来,利用统一的执行控制程序来组织各种信息的传递,保证系统内信息流畅通,并协调各子系统有效地运行。

(3) 开放性。系统采用开放式体系结构和通用接口标准。在系统内部,各部分之间易进行数据交换和扩充;在系统外部,一个系统能有效地嵌入另一个系统中,或者通过外部接口,两个系统能够有效连接并实现数据交换。

7.1.2　集成的类型

CAD/CAM 集成可以分为传统型集成、改进型集成、数据驱动型集成和知识驱动型集成。

（1）传统型集成。传统型集成系统开发较早，如 I-DEAS、UG-Ⅱ、CADAM、CATIA、CADDS 等。这类系统专业功能强，但由于在开发之初硬件环境、设计思想和设计方法的局限性，不太容易满足高度集成化的要求。

（2）改进型集成。改进型集成系统是在 20 世纪 80 年代发展起来的，如 CIMPLEX、Pro/Engineer 等。这类系统的某些功能自动化程度高，如参数化特征设计、系统数据与文件管理、数控加工程序的自动生成等，但仍缺乏对数据交换和共享信息集成要求的支持。

（3）数据驱动型集成。数据驱动型集成系统是正在发展中的新一代 CAD/CAM 集成系统，其基本出发点是着眼于整个产品生命周期，寻求产品数据完全实现交换和共享的途径，以期在更高的程度和更宽的范围实现集成。

（4）知识驱动型集成。产品开发过程中的大量工作是检索、重用以往的经验知识及获取新知识。在复杂产品开发过程中，由于产品功能、结构和协同开发过程高度复杂，知识更加密集、知识之间的关联更加复杂和多样，经验知识的获取、共享、检索与重用需求更为迫切，重要性更为突出，但同时也更加困难。随着国内外知识集成领域研究的深入，开发能够有效集成组织内外分散知识，同时兼具扩展性、灵活性的知识驱动型集成系统，显得越来越重要。

7.2　集成的关键技术

系统集成的关键是信息的交换和共享，由于数据源的异构性、分布性和自治性，当前大多数 CAD/CAM 系统集成还停留在信息集成阶段。信息集成主要用于解决数据的互通问题，其核心任务是将互相关联的分布式异构数据源集成到一起，使用户能够以透明的方式访问这些数据源。集成的关键技术主要有基于数据交换接口的集成、基于特征的集成、基于 PDM 的集成和面向协同设计的集成。

7.2.1　基于数据交换接口的集成

数据交换的任务是在不同的计算机、操作系统、数据库及应用软件之间进行数据通信。由于最初的各个子系统是独立发展起来的，各系统内的数据表示格式不统一，不同系统之间难以进行数据交换，不利于提高 CAD/CAM 系统的工作效率，因此，需要提供各类数据交换接口以实现系统间的集成。

数据交换接口分为专用接口和标准接口两种。专用接口是指 CAD、CAPP、CAM 系统开发的与其他不同系统交换数据时专用的接口。标准接口是指通过制定国际性的数据交换规则和网络协议开发的数据交换接口，如产品模型数据交互规范（standard for the exchange of product model data，STEP)、初始图形交换规范(initial graphics exchange specification，IGES)等。

STEP 由国际标准化组织制定，是目前业界广泛采用的产品数据交换标准。该标准采用中性机制的文件交换格式，不依赖任何具体的应用，可保证在各个应用系统之间进行顺畅的、无障碍的数据交换和通信。如图 7-1 所示，STEP 由 5 大部分组成。STEP 要求各个应用系统在交换、传输、存储数据时必须满足应用协议的要求。

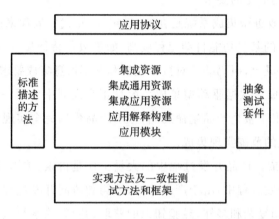

图 7-1　STEP 标准组成

此外，可利用 STEP 定义产品公用数据库，将企业各个领域的数据集成到公用数据库上，形成统一的工程环境，从而开展产品的并行设计作业，基于 STEP 的 CAD/CAM 系统集成环境如图 7-2 所示。

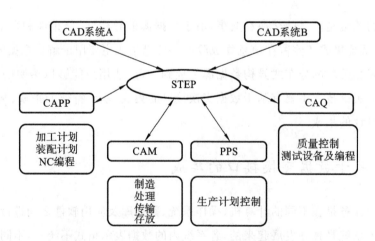

图 7-2　基于 STEP 的 CAD/CAM 系统集成环境

7.2.2　基于特征的集成

基于特征的集成是实现 CAD/CAM 系统集成的有效方法，它从产品的几何模型出发，自动辨识出具有一定工程意义的特征,进而生成产品的特征模型和制造信息,使得 CAPP 和 CAM 能够直接获取所需的信息。基于特征的产品集成模型将产品所有的信息表达为特征的有机组合,从而为 CAD/CAM 系统所共享,主要分为三层:产品数据管理层、基本功能层和应用系统层,如图 7-3 所示。

产品数据是产品生命周期中全部数据的总和,不仅包括形状、公差、材料等定义产品本身所需的数据,还包括产品与外部环境打交道的数据,如管理信息和技术信息等。通过产品数据管理层,可以对知识库、数据库、设计特征库、产品模型库进行统一的管理和维护,并提供查询产品数据的开放式人机界面。通过各功能子模块的设置,产品模型可以在多级抽象层次上完整地描述信息,既满足设计的要求,又满足加工和检测的需要。借助于各子模型,产品模型可实现与应用接口的组合,实现产品信息的共享与集成。由于特征与应用有关,产品模型具有将同一对象映射为不同应用的特征关系的机制,满足了多种应用的需要。

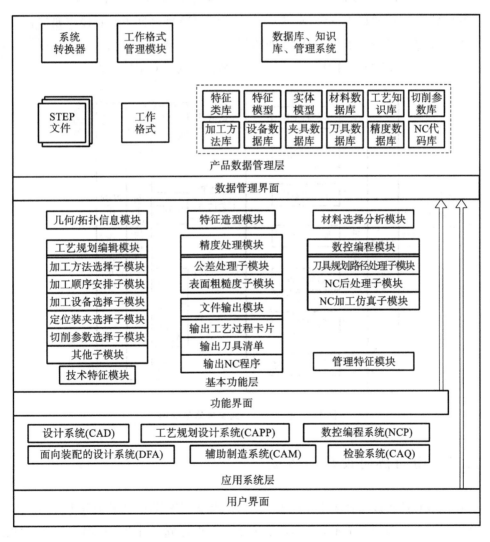

图 7-3　基于特征的产品集成模型

7.2.3　基于 PDM 的集成

　　基于 PDM 的集成提供以产品数据管理为核心的集成支撑环境,将数据管理、网络通信和过程控制等多种功能模块集成在统一的 PDM 平台上,为用户提供统一的使用界面,便于人与系统的集成以及并行工程的实施。

　　一种基于 PDM 的集成体系框架如图 7-4 所示,在 PDM 图形化的用户界面中,该集成体系框架可以实现与 CAD、CAM、CAPP 的互操作。通过基于 Web 的接口平台解决 CAD 系统产生的各种文档管理问题,并实现 CAD 和 PDM 的动态集成;CAPP 系统直接通过接口从PDM 中获取工艺规程及资源信息,并将产生的工艺信息直接放在 PDM 的工艺参数库中;CAM 与 PDM 之间进行 NC 代码、刀位文件、产品模型和工艺等信息的提取和存储。在 CAD、CAPP、CAM 运行过程中,可根据实际情况及权限调用特征数据库中的部分或全部数据。PDM 作为 CAD/CAM 的集成平台,使得 CAD、CAPP、CAM 之间不必直接传递信息,而是将系统之间的信息传递都变成了与 PDM 之间的信息传递,实现了以产品为核心的信息集成,使所有用户均能在同一 PDM 工作环境下协同工作,从而实现了 CAD/CAM 的集成。

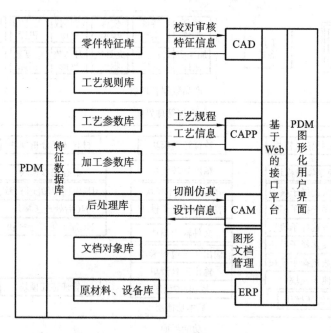

图 7-4　基于 PDM 的集成体系框架

7.2.4　面向协同设计的集成

　　面向协同设计的集成综合运用计算机、多媒体、互联网等技术,支持时间上分离、空间上分布而工作上又相互依赖的多个不同成员的协同工作。设计成员可以突破时间和空间的限制,共同参与同一产品的设计开发,同步进行与产品生命周期有关的全部过程,包括设计、分析、制造、装配、检验、维护等。

设计人员要在每一个设计阶段，考虑当前的设计结果能否在现有的制造环境中以最优的方式进行制造，而且整个设计过程是一个协同的动态过程。基于协同设计的 CAD／CAM 集成了 CAD、CAPP、CAM 等应用子系统，以及约束管理系统、评价决策系统、数据库管理系统等工具和服务子系统，并通过基于特征的集成产品信息模型及其管理系统，为各个子系统提供数据，如图 7-5 所示。

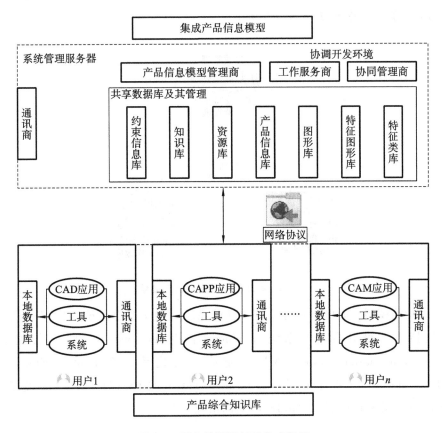

图 7-5 面向协同设计的集成框架

7.3 计算机集成制造系统

计算机集成制造系统（computer integrated manufacturing system，CIMS）是计算机技术在工业生产领域中的主要分支技术之一。对于 CIMS 的认识，一般包括两个基本要点：

（1）系统的观点：企业生产经营的各个环节，如市场分析预测、产品设计、加工制造、经营管理、产品销售等生产经营活动，是一个不可分割的整体。

（2）信息的观点：企业整个生产经营过程从本质上看，是一个数据的采集、传递、加工处理过程，而形成的最终产品也可以看成是数据的物质表现形式。

因此，对 CIMS 通俗的解释可以是"用计算机通过信息集成实现现代化的生产制造，以求得企业的总体效益"。

在当前全球经济环境下,CIMS 已在广度与深度上拓展了原 CIMS 的内容,即现代集成制造系统(contemporary integrated manufacturing system,CIMS)。"现代"的含义是计算机化、信息化、智能化;而"集成"有着更广泛的内容,包括信息集成、过程集成及企业间集成。因此,现代集成制造系统是一种组织、管理与运行企业生产的新哲理,它借助于计算机硬软件,将信息技术、现代管理技术和制造技术相结合,应用于企业全生命周期各个阶段中,将生产全部过程中的人/组织、技术和经营管理三要素,以及信息流与物流有机地集成并优化运行,从而提高企业的市场应变能力和竞争力,如图 7-6 所示。

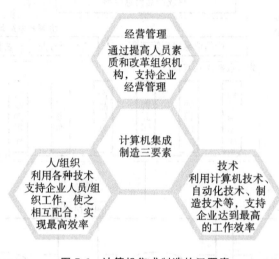

图 7-6 计算机集成制造的三要素

CMIS 的功能模型一般可以划分为四个功能系统和两个支撑系统,如图 7-7 所示。四个功能系统是指工程设计自动化系统(engineering design system,EDS)、管理信息系统(management information system,MIS)、制造自动化系统(manufacturing automation system,MAS)和质量保证系统(quality assurance system,QAS);两个支撑系统是指计算机网络(network)支撑系统和数据库(database)支撑系统。

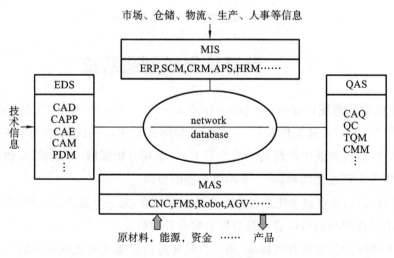

图 7-7 CIMS 的功能模型

（1）工程设计自动化系统（EDS）。EDS 包括计算机辅助设计、工艺设计、制造准备、产品性能测试及产品数据管理等。EDS 的主要目的是对各类信息进行分析、归类、处理、判断，采用最优的控制手段，对各系统设备进行集中监控和管理，使各子系统设备始终在协同高效的状态下运行。

（2）管理信息系统（MIS）。MIS 是 CIMS 的神经中枢，具有预测、经营决策、生产计划、销售、供应、财务、设备和人力资源等管理信息功能，其核心是制造资源计划（manufacturing resources planning，MRP Ⅱ），通过信息集成，对信息进行全方位的处理，达到提高生产效率、缩短资金流动周期、增大企业反应速度的目的。MIS 从 EDS 中接收产品定义和材料明细表（bill of material，BOM）、加工工艺路线和成本估计等信息，并向 EDS 发送开发任务书和技术要求等信息；MIS 要向 MAS 下达作业计划、任务进度数据、生产控制指令等，并接收生产完成情况、设备状态、物料消耗等信息；MIS 向 QAS 传递用户质量信息和产品质量数据等，并形成质量检验、分析报表等。

（3）制造自动化系统（MAS）。MAS 是 CIMS 中信息流和物流的结合点，是 CIMS 最终产生经济效益的聚集地。MAS 通过计算机的控制与调度，基于产品工程技术信息等加工指令，完成各种作业调度及制造，完成设计及管理中指定的任务，并且实时地或经过初步处理后反馈到相应部门，最终达到缩短产品制造周期、降低成本、提高柔性的目的。

（4）质量保证系统（QAS）。QAS 包括企业利用计算机支持的各种质量保证和管理活动。在实际应用中，QAS 分为质量保证、质量控制和质量检验等方面。质量保证伴随整个产品形成的全过程，是企业质量管理中最为重要的部分。质量保证系统具有质量决策、质量检测与数据采集、质量评价、控制与跟踪等功能。

（5）计算机网络支撑系统。该系统采用国际标准和工业规定的网络协议，实现异种机、异构局域网及多种网络互联。它以分布为手段，满足各应用分系统对网络支持的不同需求，支持资源共享、分布处理、分布数据库、分层递阶和实时控制。

（6）数据库支撑系统。该系统是逻辑上统一、物理上分布的全局数据管理系统，通过该系统可以实现企业数据共享和信息集成。

7.4　集成技术的发展趋势

以信息技术的发展为支持，以满足制造业市场需求和提高企业竞争力为目的，集成技术未来发展趋势将呈现出以下几个特点。

7.4.1　数字化

一个完整的产品是由许多零件组成的，复杂产品的零件数目甚至达到上万个。面对巨大的数据量，CAD/CAM 集成系统要想将其有条不紊地管理好，就必须有一个很好的产品数据模型，以便清晰地描述产品全部数据及其相互关系，使得各子系统之间、子系统内各部件之间，以及零部件与描述产品的数据之间的约束关系一目了然。

产品数据模型可以理解为由所有与产品有关的信息构成的逻辑单元集成,不仅包括产品生命周期内的全部相关信息,而且在结构上应清楚地表达这些信息的关联特性。CAD/CAM的集成要利用和生成大量的工程数据,包括工程设计和分析数据、产品模型数据、产品图形数据、专家知识和推理规则、产品的加工数据等。

但是,随着 CAD/CAM 集成化程度的不断提高,集成系统中的数据管理日益复杂。主要表现在以下几个方面:

(1)集成系统由多个工程应用程序组成,这就要求数据管理系统能支持应用程序之间数据的传递与共享,满足可扩充性要求;

(2)工程数据类型复杂,不仅有矢量、动态数组,还常常要求处理具有复杂结构的工程对象;

(3)工程对象在不同设计阶段可能有不同的定义模式,因此,应能根据实际需要修改和扩充定义模式;

(4)由于工程设计过程一般采用自上而下的工作方式,并且有反复试探的特点,因此集成系统的数据管理必须提供适应于工程特点的管理手段。

CAD/CAM 系统的集成应努力建立能处理复杂数据的工程数据管理环境,使 CAD/CAM各子系统能有效地进行数据交换,尽量避免数据文件和格式转化,清除数据冗余,保证数据的一致性、安全性和保密性,采用数据驱动的方法将成为开发新一代 CAD/CAM 集成系统的主流,也是系统集成的核心。一种数据驱动型 CAD/CAM 系统如图 7-8 所示。

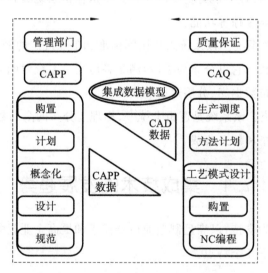

图 7-8　数据驱动型 CAD/CAM 系统

7.4.2　网络化

网络制造是企业经营管理和运行的新模式,网络化 CAD/CAM 系统是网络化制造的重要组成部分。企业通过组建网络化 CAD/CAM 系统,实现企业内部的系统集成和企业外部的系统集成。在企业内部,实现制造过程、工程计划、管理信息系统的集成,或通过网络远程操纵异地的机器进行制造。在企业之间,利用网络搜寻产品市场供应信息及加工任务,从而发现合适的产品和生产合作伙伴,进行产品的协同设计与异地制造,实现企业间的资源共享和优化组合。

在此基础上,一种面向服务的网络化集成制造新模式——云制造应运而生。云制造融合了云计算、先进制造、互联网、物联网等技术,是云计算在制造业应用的成果。云制造以产品全生命周期相关资源为核心,通过将硬制造资源(机床、加工设备、实验设备、计算机等各类物理制造资源)和软制造资源(产品模型、加工数据、设计仿真软件、信息化管理软件等),以及其他资源(人力资源、用户资源、技术资源等)虚拟化、服务化,形成虚拟资源池,对资源进行配置整合、规范,向不同服务使用者提供按需获取、随时可取、可共享的资源服务。

在云制造平台中,软制造资源是整个平台的核心功能部分。软制造资源必须具备协同化、集成化等特性,才能满足云制造平台协同生产以及多部门合作生产的要求。通过集成接口,对软制造资源各个功能模块,如 CAD/CAM 等数字化制造软件以及 PDM、MES、ERP 等信息化管理软件,进行集成,然后封装成服务,满足不同服务需求。CAD/CAM 等数字化设计软件与 PDM 的集成,为协同生产过程中的数据和模型管理、传递提供技术支撑,将 CAD/CAM 产生的数据通过 PDM 上传到云端数据库,能够为产品全生命周期设计提供数据支持。云服务使用者可以通过浏览器或者虚拟服务器访问云制造平台,获取制造资源与制造数据。图 7-9 所示为网络制造环境下 CAD/CAM 系统。

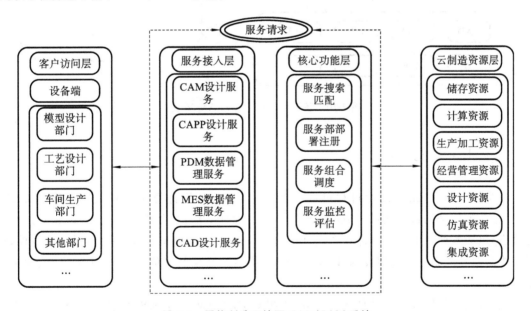

图 7-9　网络制造环境下 CAD/CAM 系统

7.4.3　可视化

CAD/CAM 集成系统使得设计人员需要对产品在设计、制造、使用和回收阶段进行全生命周期处理。近年来,许多提供产品、进程和整个企业性能仿真、建模和分析技术的拟实制造系统应运而生,其中最前沿的技术是数字孪生(digital twin,DT)。

数字孪生是指在信息化平台内建立、模拟一个物理实体、流程或者系统。充分利用物理模型、传感器更新、运行历史等数据,集成多学科、多物理量、多尺度、多概率的仿真过程,在虚拟空间中完成映射,从而反映相应实体装备的全生命周期过程。

数字孪生是一种基于高保真度的三维 CAD 模型,它被赋予各种属性和功能定义,包括材料、感知系统、机器运动机制等。随着数字孪生的出现,实物产品(包括损耗和报废)的全过程以数字化形式呈现,使得"全生命周期"的概念透明化,如图 7-10 所示。可以预见,随着 DT 技术的发展,在设计阶段应用大数据、人工智能、机器学习、增强现实等新技术将使设计真正实现"所想即所得"。

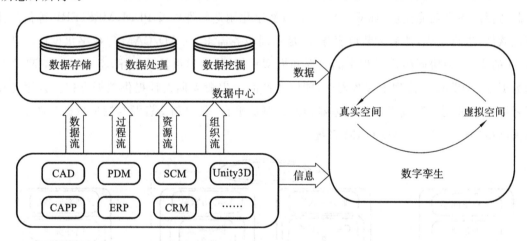

图 7-10　基于 DT 的 CAD/CAM 系统

7.4.4　智能化

从整体上看,产品的设计过程可以分为智力创造、分析计算和设计表达。传统 CAD/CAM 系统能够辅助设计人员完成的主要是后两类设计工作:在分析计算方面,以有限元技术为代表,包括各种专用的工程计算系统、仿真系统、分析系统、模拟系统等;在设计表达方面,包括二维绘图和产品三维造型技术,以及由产品三维表达带来的增值功能,如干涉检查、虚拟装配等。

然而,设计的核心和关键是智力创造,传统 CAD/CAM 技术未能对这一部分工作提供有力的辅助和支持。因此,人工智能(artificial intelligence,AI)技术与 CAD/CAM 技术的结合成为必然。CAD/CAM 技术智能化的目标就是建立能够辅助设计人员完成包括智力创造在内的各种设计活动,从而进一步增大 CAD/CAM 系统对设计工作的支持强度,使系统具有人类专家的经验和知识,具有学习、推理、联想和判断功能,从而解决　些以前必须由人类专家才能解决的设计问题,在更高的创造性思维活动层次上,给予设计人员有效的辅助,通过智能设计和智能制造来解决新产品的设计制造问题,打造更具创造性和时代性的产品。

如图 7-11 所示,未来的 CAD/CAM 系统不仅能智能判断工艺特征,还具有模型对比、残余模型分析与判断功能,这些功能可以优化加工路径,提高效率。此外,其具有对工件的防过切、防碰撞功能,可以提高操作的安全性,更符合加工的工艺要求,并开放了工艺关联的工艺库、知识库、材料库和工具库,使工艺知识积累、学习、运用成为可能。

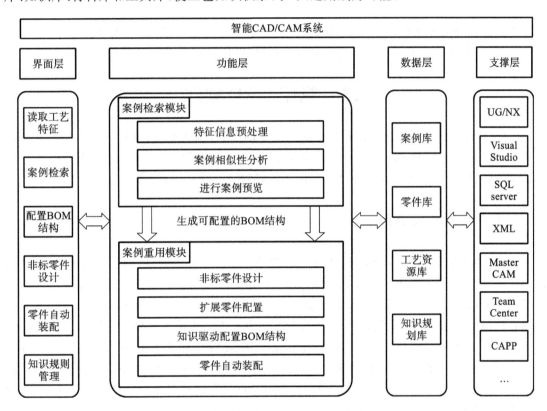

图 7-11　智能 CAD/CAM 系统体系结构模型

思考与习题

（1）CAD/CAM 为什么必然走向集成？

（2）CAD/CAM 集成系统应具有哪些基本功能？

（3）CAD/CAM 信息集成方式有哪几种？其关键技术是什么？

（4）PDM 技术的实施对 CAD/CAM 系统集成的意义和作用是什么？

（5）什么是计算机集成制造？

（6）试解释计算机集成制造系统功能模型,并简述其相互关系。

（7）集成技术是 CAD/CAM 系统中重要的支撑技术,结合所学的专业知识,谈谈未来集成技术的发展趋势及特点。

第8章 基于 UG 的 CAD 实例分析

本章首先介绍了现有的商业 CAD 软件,然后重点介绍了 CAD 的二次开发技术,并以挤出模为对象,分析了基于 UG 的模头和定型模 CAD 设计过程。

8.1 常用 CAD 软件

CAD 软件已经成为机械产品设计中必不可少的工具,利用 CAD 软件进行产品设计是设计人员必须掌握的技能之一。现有主流商业 CAD 软件有 AutoCAD、Pro/Engineer、SolidWorks、Unigraphics NX、CATIA、Inventor、CAXA、中望 CAD 等。

8.1.1 AutoCAD

AutoCAD 是 Autodesk 公司于 1982 年开发的自动计算机辅助设计软件,用于二维绘图、详细绘制、设计文档和基本三维设计,现已经成为国际上主流的绘图工具,也是最早进入国内市场的 CAD 软件之一。AutoCAD 具有良好的用户界面,通过交互菜单或命令行方式便可以进行各种操作。它的多文档设计环境,使非计算机专业人员也能很快地学会使用。AutoCAD 具有广泛的适应性,可以在各种操作系统支持的微型计算机和工作站上运行。同时,AutoCAD 具有完备的二维图形绘制功能,图形编辑简便、高效。AutoCAD 还提供了功能强大的二次开发工具,用户可进行定制开发。AutoCAD 可以进行多种图形格式的转换,具有较强的数据交换能力。

8.1.2 SolidWorks

SolidWorks 是世界上第一个基于 Windows 开发的三维 CAD 系统,不仅功能强大,而且对每个工程师和设计人员来说,操作简单、易学易用。同时,SolidWorks 能够提供不同的设计方案,减少设计过程中的错误以提高产品质量,这使得 SolidWorks 成为领先的、主流的三维 CAD 解决方案。SolidWorks 用户界面简洁,菜单较少,下拉菜单一般只有两层,命令菜单被汇集成了名为"命令管理器"的图标群。考虑到操作性能,SolidWorks 将命令进行了编组,用户可以快速找到所需功能。在 SolidWorks 的导航界面中,通过特征树和装配树,用户可以直观地了解产品的建模、装配过程,也可以对中间特征进行修改、编辑。

8.1.3 Pro/Engineer

Pro/Engineer(简称 Pro/E)是 PTC 旗下的 CAD/CAM/CAE 一体化的三维软件,是参数

化技术的最早应用者,以参数化、基于特征、全相关等概念闻名于 CAD 界,是现今主流的 CAD/CAM/CAE 软件之一,特别是在国内产品设计领域中占据重要位置。2010 年 10 月, PTC 整合了 Pro/E 的参数化技术和其他技术,推出了新型 CAD 设计软件包 Creo。Pro/E 的产品设计过程全相关,使得产品在建模、装配、工程图中的任何一处有改动,都会更新至整个工程;Pro/E 具有真正管理并发进程、实现并行工程的能力;此外,Pro/E 建立在统一的数据库上,具有完整而统一的模型。

8.1.4　Unigraphics

Unigraphics(简称 UG)是 Siemens PLM Software 公司的一个产品工程解决方案,它为用户的产品设计及加工过程提供了数字化造型和验证手段。UG 现已成为世界一流的集成化机械 CAD/CAM 软件,广泛应用于航空航天、汽车、通用机械、模具、工业设备、医疗器械和家用电器等领域。UG 曲面造型功能强大,可以图示装配导航器、建模导航器,方便地确定部件位置;UG 具有广泛的用户开发工具,二次开发功能强大,几乎开放了 UG 全部的功能模块;此外,软件的重用性强,UG 的重用库可以将任意绘图元素转化为重用特征。

8.2　CAD 二次开发技术

CAD 软件具有较强的通用性,但是对于一些特定的需求,往往需要进行二次开发,即在通用软件的基础上,根据需求进行定制化设计,实现所需要的功能。一般而言,CAD 软件都会提供应用程序接口(application programming interface,API)以供用户进行二次开发。

在开发语言方面,CAD 软件支持一种或者多种语言,如通用高级语言 C++、JAVA,也有自带的语言包,如 UG 的 Grip 语言等。在开发语言基础上,CAD 软件提供封装好的二次开发函数库,用户可以通过调用这些函数开发相应的功能,如参数修改、特征创建、编辑、模型装配等。CATIA 提供了 CAA(component application architecture)二次开发模块,Pro/E 提供了 Pro/Toolkit 二次开发模块,UG 提供了 NX/Open 和 UG/Open 模块等。

以 UG 二次开发为例,UG 提供了功能强大的二次开发工具集,用户通过对 UG 系统进行用户化剪裁和二次开发,在通用性软件的基础上扩展软件的应用功能。

(1) MenuScript 菜单脚本工具。MenuScript 是 UG 为二次开发提供的一种菜单栏、工具栏设计方法。MenuScript 通过 *.men 调用,可以创建菜单,编辑下拉菜单,设立工具栏。

(2) UIStyler 操作界面开发工具。UIStyler 是一个可视化编辑器,可以设计简单明了的 UG 风格的可视化对话框。创建操作界面后,生成 *.dlg 或 *.dlx 供调用,应用简捷。

(3) UG/Open API 和 NX/Open API 函数库。UG/Open API 和 NX/Open API 是 UG 与外部应用程序之间的接口工具,是 UG 提供的一系列函数和过程集合。UG/Open API 和 NX/Open API 功能十分强大,能够实现 UG 的绝大部分操作,易进行交互操作。UG/Open API 和 NX/Open API 可以开发复杂、大型的定制化、扩展性功能,并提供了 C++、C♯、Java、 Python、Visual Basic 等语言。

(4) UG/Open GRIP 语言。UG/Open GRIP 语言与一般的通用语言一样,有其自身的语法结构、程序结构和内部函数,以及与其他通用语言程序相互调用的接口。该语言几乎可以实现参数化设计的大部分操作,使用过程和普通编程语言相通,经过编译、链接生成可执行程序。与 UG/Open API 和 NX/Open API 相比,UG/Open GRIP 语言一般用于开发较为简单的功能。

8.3　挤出模 CAD 设计实例

挤出模是采用挤出工艺成型的一类模具,工艺结构复杂。传统的挤出模设计依赖于设计人员的经验,对设计人员的要求高,其 CAD 设计也主要停留在二维设计上,在造型过程中失误率较大,需要反复地试模修模。本节以挤出模为对象,在分析挤出模的结构特点的基础上,基于 UG 二次开发技术开发出挤出模 CAD 系统。该系统包括模头 CAD 系统和定型模 CAD 系统。

8.3.1　挤出模及其结构特点

挤出模主要用于生产型材。型材是指截面形状一定的一类工艺制品,异型材是一种截面形状不规则的型材制品,如图 8-1 所示,异型材实物截面形状复杂、不规则。

图 8-1　塑料异型材实物

挤出模主要包括模头和定型模两大部件。模头用于连接挤出机主机,将主机螺杆提供的熔融塑料加热塑化,得到熔融料坯。定型模通过真空吸附,使模头提供的熔融料坯紧附于定型模的型腔表面,通过冷却水定型,使之逐渐硬化成型。图 8-2、图 8-3 所示分别为挤出模的模头、定型模实物。

模头的设计工艺体现在分流装置和流道。由于受板块加工制约,模头实际上由机颈、支架板、压缩板、过渡板、预成型板、成型板等装配组成。机颈与挤出机相连,挤出机中塑料胚体经机颈进入模头中,支架板上有分流锥,对塑料胚体进行分流,压缩板对塑料胚体进行压缩生成对应的进料,预成型板、成型板则将塑料胚体一步步成型。一般情况下,模头有 6 块板,如图

图 8-2　模头实物

图 8-3　定型模实物

8-4 所示,由于结构的复杂程度不同,实际设计制造中支架板、过渡板、预成型板等板可能会有所变化。

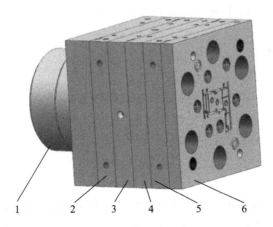

图 8-4　模头的组成

1—机颈;2—分流支架;3—型芯支架;4—压缩板;5—预成型板;6—成型板

一套定型模模具由相似的几节定型模组成,一般为 3~5 节,每一节定型模结构相似但不相同,都是由上型板(上板)、下型板(下板)、前型板(前板)、后型板(后板)等构成。如图 8-5 所示,上板、前板一、前板二、下板、后板一、后板二、后板三等是定型模加工制造的基本单元。

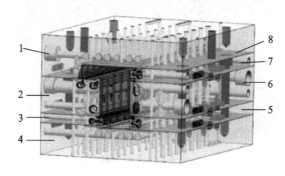

图 8-5　定型模及其各板块特征

1—上板;2—前板一;3—前板二;4—下板;5—后板三;6—后板二;7—后板一;8—分型面

8.3.2　模头 CAD 设计

1. 初始化工程

模头设计过程中建模参数较多,各个部件的参数设置存在一定的关联性,为了防止在模具设计过程中出现因失误而导致的数据偏差,初始化数据包含每个模块所需的初始化信息,为整体系统提供信息共享的平台,并将初始化信息通过数据文件进行存储。在设计过程中,CAD系统会自动实时从初始化数据包中获取所需数据。图 8-6 所示为模头初始化参数界面,图 8-7所示为初始化数据后形成的模头设计工程数据文件。

2. 草图接入

对于已有规范图层的图纸,自动提取每个图层的截面线段,并将其转化为具有图层命名规范的 AutoCAD 块,根据 AutoCAD 块映射为 UG 中的草图组的原则,快速生成 UG 建模环境下的草图,图 8-8 所示为具有图层命名规范的 AutoCAD 图纸,根据 AutoCAD 图纸中的草图名称,检索并投影到 UG 平台下对应名称的板块框架草图中,形成整体建模草图,如图 8-9所示。

3. 整体流道 CAD 设计

1)板块流道外壁曲面设计

通过曲面生成工具,采用顺序生成和选择生成两种方式,根据板块截面草图,实现板块流道外壁环形曲面的快速生成,有效避免烦琐的操作,图 8-10 所示为曲面生成界面,图 8-11 所示为压缩段截面曲面生成流程,图 8-12 所示为压缩段环形曲面模型,图 8-13 所示为成型段环形曲面模型。

2)整体流道外壁生成

根据截面线段生成两端面的有界平面,与生成的环形片体缝合,自动生成各板块流道外壁实体模型,并将流道外壁实体求和,生成整体流道外壁。图 8-14 所示为板块流道实体模型,图8-15 所示为整体流道外壁模型。

3)内筋孔智能生成

根据流道内壁草图形状,运用多封闭环识别与匹配算法,对草图对应闭环线段进行识别与

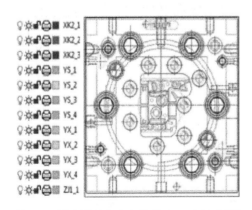

图 8-6　模头初始化参数界面

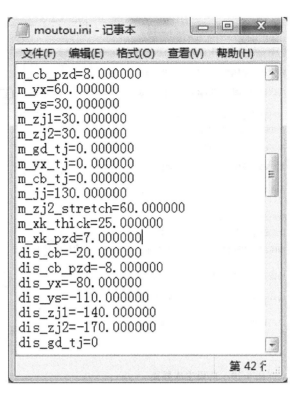

图 8-7　初始化数据后形成的模头设计工程数据文件

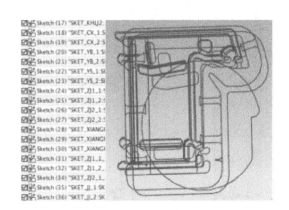

图 8-8　具有图层命名规范的 AutoCAD 图纸　　　图 8-9　整体建模草图

匹配,通过直纹实体制作并快速生成内筋孔曲面实体。图 8-16 所示为流道内壁截面草图,图 8-17 所示为内筋孔实体模型。

4)整体流道内壁生成

根据内壁草图形状,拉伸生成流道内壁实体,与生成内筋孔求差,调入切割草图 2D 标准件对流道内壁模型切割,实现包含内筋孔的整体流道内壁生成,图 8-18 所示为整体流道内壁模型。

5)整体流道生成

根据生成的整体流道外壁对整体流道内壁进行求减,并添加引用集,生成整体流道。图 8-19 所示为整体流道模型。

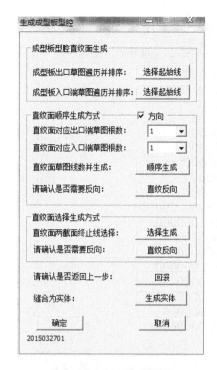

图 8-10　曲面生成界面

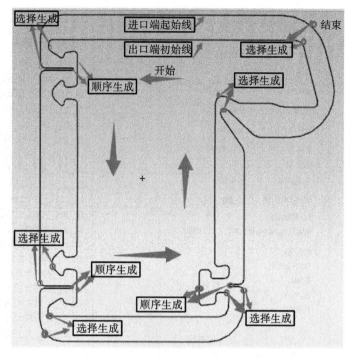

图 8-11　压缩段截面曲面生成流程

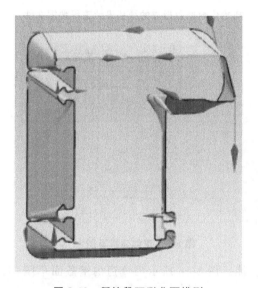

图 8-12　压缩段环形曲面模型

图 8-13　成型段环形曲面模型

4. 可配置模架调用

1）整体模架调用

对模架标准件库中对应的模架标准件组进行调用，并根据初始化的板块数据及中心偏置定位数据，对模架标准件组基准面及板块定位位置进行更新，形成初始可配置模架标准件组模型，如图 8-20 所示。

2）紧固件自动装配与配置

通过点位信息推荐板块螺钉定位及规格信息，在此基础上人机交互对数据进行修改，自动

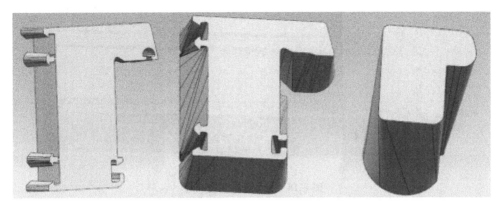

图 8-14　板块流道实体模型

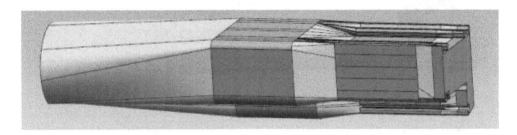

图 8-15　整体流道外壁模型

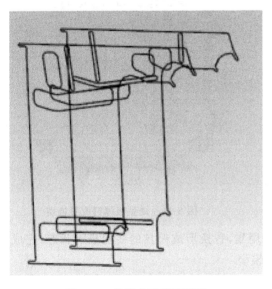

图 8-16　流道内壁截面草图

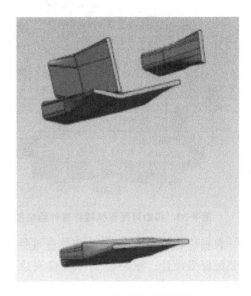

图 8-17　内筋孔实体模型

装配成型板到预型板螺钉,快速实现板块螺钉配置与形成,成型板螺钉配置模型如图 8-21 所示,板块紧固件配置界面如图 8-22 所示。

　　3) 板块切割

　　通过流道截面制作有界平面,并链接至整体板块中对已有平面片体进行求减,形成切割的环状片体模型(见图 8-23),以环状片体为工具对整体板块切割,形成各板块模型,如图 8-24 所示。

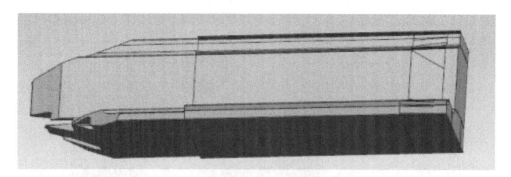

图 8-18　整体流道内壁模型

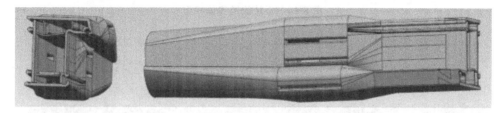

图 8-19　整体流道模型

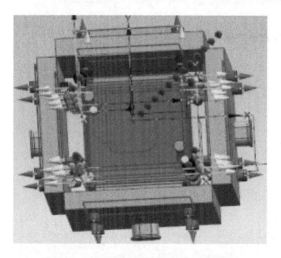

图 8-20　初始可配置模架标准件组模型

图 8-21　成型板螺钉配置模型

　　在板块成型完成后,切换模架标准件组的引用集,替换形成模具的装配显示状态,完成模头装配模型设计。图 8-25 所示为模头总体三维模型。

8.3.3　定型模 CAD 设计

1. 初始化工程

　　定型模设计过程中建模参数也较多,各节定型模结构的参数设置存在一定的关联性,为了防止在模具设计过程中出现因失误而导致的数据偏差,初始化数据包含每个模块所需的初始化信息,为整体系统提供信息共享的平台,并将初始化信息通过数据库进行存储,图 8-26 所示为初始化定型模参数界面,图 8-27 所示为定型模设计工程数据文件。

图 8-22 板块紧固件配置界面

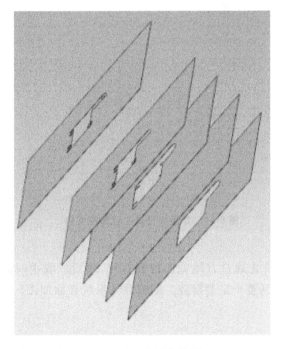

图 8-23 环状片体模型

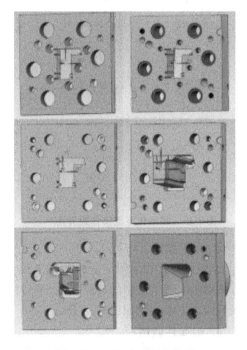

图 8-24 切割生成板块模型

2. 草图接入

将 AutoCAD 块通过名称检索自动导入 UG 中,从而形成命名规范的草图组,将图层元素转入 UG 中,图 8-28 所示为导入 UG 的 AutoCAD 块自动生成的命名规范的草图组。

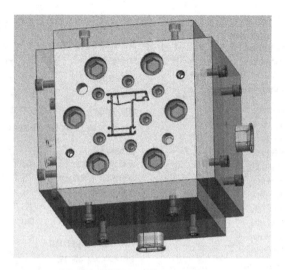

图 8-25　模头总体三维模型

图 8-26　初始化定型模参数界面

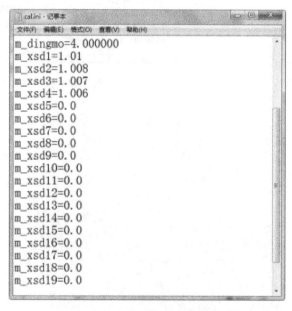

图 8-27　定型模设计工程数据文件

3. 型腔设计

型腔设计是在草图规划的基础上得到的,首先通过首尾截面得到直纹,然后求取中间截面,得到中间各节定型的型腔截面,最后拉伸得到整个定型型腔。型腔设计系统界面如图8-29所示,四节定型型腔如图 8-30 所示。

4. 标准件调用

分型面确定后,根据分型面位置,系统会自动记录各板的板厚。当调用标准件时,系统会提取标准件需要的板厚信息,自动修改标准件的定位位置和相应的模型参数,一定程度上实现了标准件参数的智能化选择,如图 8-31 所示。图 8-32 所示为分型和加载标准件后的定型模,后几节定型模(定二到定四)均与首节定型模(定一)结构相同,从图 8-32 中可以看到,刻字槽、起模槽、键等标准件均分布在分型面上。

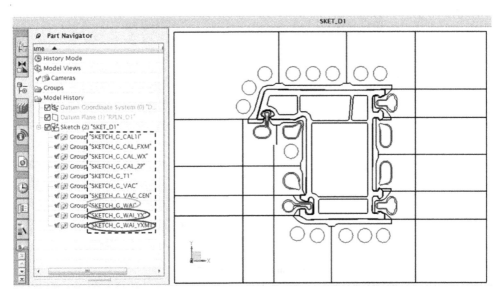

图 8-28　导入 UG 的 AutoCAD 块自动生成的命名规范的草图组

图 8-29　型腔设计系统界面

5．工艺水路设计

工艺水路操作界面如图 8-33 所示,首先采用布点工具生成工艺水路轨迹点线(见图 8-34),然后对工艺水路轨迹点线进行草图分组。接着创建水路实体,遍历各节定型模的标识及草图组,根据标识和草图组创建与水路轨迹点线关联的水路实体,水路实体包括端面水路、异型水路、侧面进出水路和引水路,最后对水路实体与其相对应的定型模进行布尔求差,生成水道回路,如图 8-35 所示。图 8-36 所示为单节挤出定型模工艺水路系统,图 8-37 所示为四节挤出定型模工艺水路系统,图 8-38 所示为工艺水路干涉检查提示。

6．工艺气路设计

在工艺气路设计中,系统自动识别定型模规格,根据工艺规范、分型面位置判断气孔、气槽

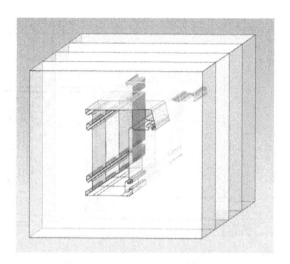

图 8-30　四节定型型腔

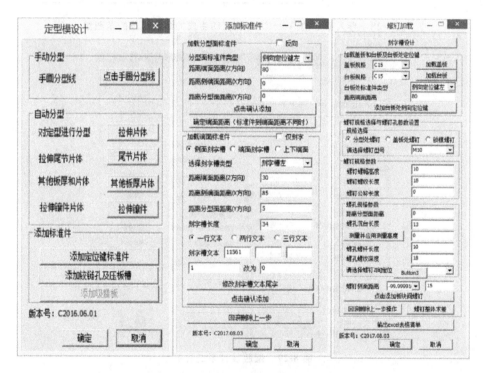

图 8-31　分型与标准件调用系统界面

和气室的数量和定位,调入标准件并修改参数,得到整体气路结构。图 8-39 所示为五节定型模整体气路结构。图 8-40 所示为首节定型模工艺气路结构。

7. 拆分体

水气路、标准件加载完成后,定型模总体三维模型设计完成,如图 8-41 所示,对板块进行拆分,得到的定型模各板块如图 8-42 所示。

至此,一个定型模的总体三维模型设计就基本完成了,企业可以根据该定型模生成工程图和 BOM,并开展加工和采购等后续工作。

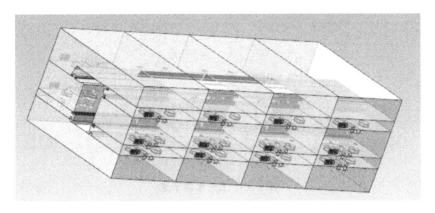

图 8-32 分型和加载标准件后的定型模

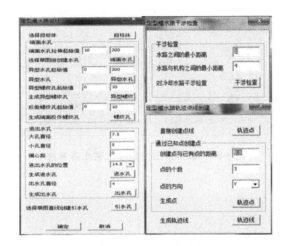

图 8-33 工艺水路操作界面

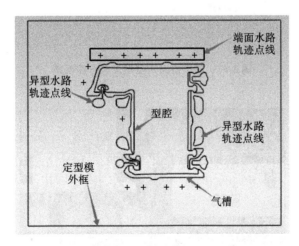

图 8-34 工艺水路轨迹点线

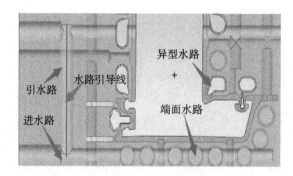

图 8-35　工艺水路示意

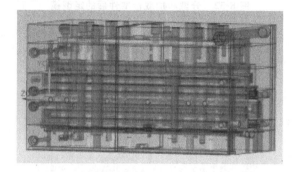

图 8-36　单节挤出定型模工艺水路系统

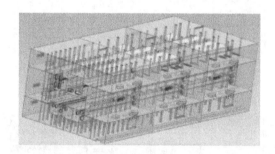

图 8-37　四节挤出定型模工艺水路系统

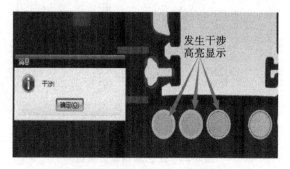

图 8-38　工艺水路干涉检查提示

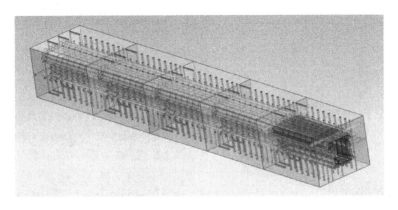

图 8-39　五节定型模整体气路结构

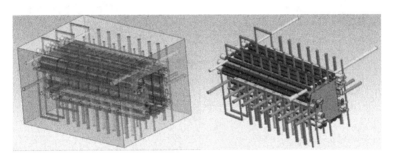

图 8-40　首节定型模工艺气路结构

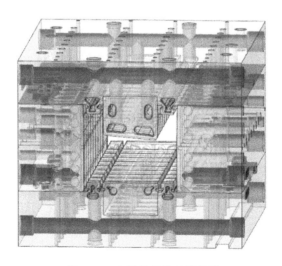

图 8-41　定型模总体三维模型

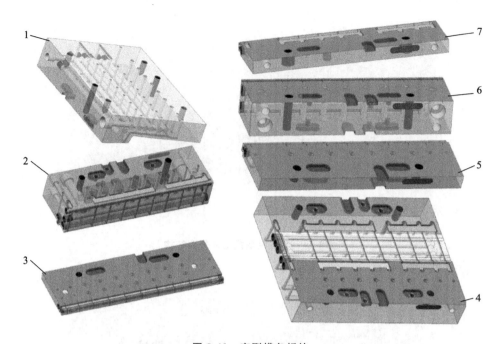

图 8-42　定型模各板块

1—上板；2—前板一；3—前板二；4—下板；5—后板三；6—后板二；7—后板一

第9章 典型零件的 CAM 实例分析

本章首先介绍了现有的商业 CAM 软件,然后分别以盘类零件和整体叶轮为对象,分析了基于 MasterCAM 软件的工艺路线实现过程,以及基于 UG NX 10.0 软件的叶轮加工模块五轴加工数控代码生成和后处理过程。

9.1 CAM 常用工具

常见的 CAM 过程一般指基于零件 CAD 模型,通过加工轨迹自动运算生成刀位轨迹,并进一步采用后处理技术转换成数控系统可识别 NC 代码的过程,主要包括数控工艺制定、几何模型定义、加工方式及对象确定、参数设置、刀具轨迹生成和验证、后处理与工艺文档生成等。专业 CAM 系统通过替代简单、单调的刀路点预算,将策略选择、工艺过程、特征筛选、参数选取等与设计人员的经验、知识相结合,大幅提高了编程效率。通过 CAM 软件自动编程,可以节省编程时间、减小错误率等。

现有主流的 CAM 软件有 Unigraphics(UG)、MasterCAM、CATIA、Pro/Engineer、CimatronE、PowerMill 和 CAXA ME 等。本节重点介绍 MasterCAM 和 Unigraphics 两款 CAM 软件。

9.1.1 MasterCAM

MasterCAM 是一款相对独立的 CAM 软件,具有强大的 CAD/CAM 功能,在 CAD 领域中具有二维绘图和尺寸标注、三维曲面造型和实体造型等功能,在 CAM 领域中具有车削、铣削、雕刻、线切割等程序编制,以及刀位轨迹验证和实体切削仿真等功能。

MasterCAM 可采用计算机常用通信接口将编制好的程序发送给数控机床,可有效减小程序输入的工作量。数控程序编制完成后,通过毛坯和刀具等相关设定,可以在软件中模拟加工过程,检测加工中可能出现的碰撞、干涉等问题,可以检查可能发生错误的位置,缩短试切时间,降低时间成本。MasterCAM 具有自备刀具库和材料库,可有效减小编程工作量;具有可靠的数据交换功能,能快速转换和读取 IGES、SAT、DXF、CADL、VDA、STL、DWG、ASCII、STEP、CATIA 等格式数据文件。此外,软件用户界面友好,可定制用户界面,操作方便。

9.1.2 Unigraphics

Unigraphics 是典型通用高端 CAD/CAM 软件代表,不仅具有强大的参数化设计、变量化设计、特征造型、曲面造型、实体造型等 CAD 功能,还具有车削、平面铣削、仿形铣削、多轴铣削、钻削、线切割等多种形式的 CAM 编程功能。Unigraphics 实现了从二轴加工到五轴联动加工方式的全覆盖,以及在编程中对加工过程的自动控制和优化。Unigraphics 为用户提供了丰富的二次开发工具,允许用户基于需求扩展 Unigraphics 相关功能,广泛应用于航空航天、汽车、船舶、模具等行业。

Unigraphics NX(UG NX)是行业中最具代表性和应用最为广泛的 CAM 软件,用户可以通过 UG NX 软件编制任何产品的加工程序,其 CAM 管理器可实现对产品制造过程的全方面管理。产品制造参数的设置可以与管理环境内的工艺计划活动相关,也可将车间文档、刀具文件、后处理文件等附加在工艺计划中。在编程设置中添加所需的夹具、刀柄等,通过编程及刀路仿真,可有效避免刀具与夹具的干涉。UG NX 采用人机交互方式,可以模拟、检验和显示刀位轨迹,采用不同颜色显示加工余量及刀路准确性,在线模拟加工时间和加工效果。

9.2　盘类零件 MasterCAM 数控编程

盘类零件是机械产品中常见的典型零件之一,应用范围广泛。盘类零件具有很多相似点,例如,主要表面基本上都是圆柱形的,具有较高的尺寸精度、形状精度和表面粗糙度要求等。

9.2.1　零件工艺路线分析

本节以图 9-1 所示的盘类零件为对象,进行 MasterCAM 数控编程实例分析。该盘类零件具有以下几个重要特征:

(1) 外围存在 4 mm 凹台面;

(2) 中心位置存在 2 mm 凹槽,半径为 4.5 mm;

(3) 中心孔直径为 $\phi 14$ mm;

(4) 四周分布 4 个定位孔,直径为 $\phi 6$ mm。

该盘类零件的加工可采用数控铣削来完成,首先采用铣削工序来实现 2 mm 凹槽和 4 mm 凹台特征的加工,然后采用钻削和铰孔工序来实现直径 $\phi 6$ mm 和直径 $\phi 14$ mm 的孔加工。该盘类零件表面粗糙度要求为 Ra 1.6,须采用粗、精加工分开的方式进行加工。加工工序按照先主后次、先面后孔、先粗后精、基准先行的原则来完成整个过程。

工序 1:以上顶面为基准,铣下表面;

工序 2:以下表面为基准,粗铣 4 mm 凹台;

工序 3:以下表面为基准,粗铣 2 mm 凹槽;

工序 4:以下表面为基准,精铣 4 mm 凹台;

工序 5:以下表面为基准,精铣 2 mm 凹槽;

工序 6:以下表面为基准,钻 $\phi 14$ mm 孔;

工序 7:以下表面为基准,铰 $\phi 14$ mm 孔;

工序 8:以下表面为基准,钻 $\phi 6$ mm 孔;

工序 9:以下表面为基准,铰 $\phi 6$ mm 孔。

在小批量生产中,一般按照工序集中的原则,可有效减小机床数量和生产面积。工件在一次装夹中尽可能加工多个表面,减少装夹次数,减小多次装夹所造成的装夹误差,保证加工表面之间的相互位置精度。

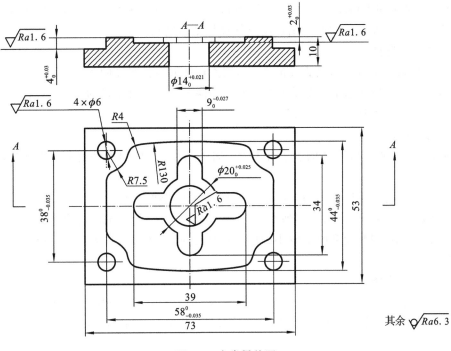

图 9-1　盘类零件图

9.2.2　刀具和切削用量

1. 刀具选择

根据零件加工特征,选择表 9-1 所示刀具。

表 9-1　刀具参数表

产品名称				零件名称		零件图号	
序号	刀号	刀具规格名称	数量	加工表面	刀长/mm		备注
1	T01	ϕ5 mm 平头铣刀	1	粗铣 4 mm 凹台 2 mm 凹槽	70		
2	T02	ϕ5 mm 平头铣刀	1	精铣 4 mm 凹台 2 mm 凹槽	70		
3	T03	ϕ13.5 mm 钻头	1	钻 ϕ14 mm 孔	104		
4	T04	ϕ14 mm 铰刀	1	铰 ϕ14 mm 孔	70		
5	T05	ϕ5.5 mm 钻头	1	钻 ϕ6 mm 孔	70		
6	T06	ϕ6 mm 铰刀	1	铰 ϕ6 mm 孔	70		
编　制		审　核		批　准		第　页	

2. 切削用量选择

合理选择切削用量(切削深度、进给量和切削速度等)是保证工件加工质量和刀具耐用度,提高生产效率和经济效益的重要手段。

粗加工时,切削用量的选择主要考虑加工效率和刀具耐用度,一般选择较大的切削深度和进给量以获得较大的材料去除率,选择合适的切削速度以提高刀具耐用度;精加工时,切削用量的选择主要考虑加工精度和表面粗糙度,其次是刀具耐用度和加工效率,一般选择较小的进给量、较小的切削深度和较大的切削速度以保证加工精度和质量。

1)切削深度选择

粗加工时,切宽可选取刀具直径的 75%,切深可选取刀具半径的 1/6~1/4。

半精加工时,切宽可选取刀具直径的 50%,切深可选取刀具半径的 1/6~1/4。

精加工时,切宽可选取 0.1~0.5 mm,切深可选取 0.1~0.3 mm。

2)进给量选择

切削进给量主要根据零件的表面粗糙度、加工精度、刀具和工件材料、刀具刃数等因素选择。

铣削加工时,进给速度=每刃切削量×刀具刃数×主轴转速。

通常根据刀具类型选取每刃切削量,一般在 0.01~0.03 的范围内选取每刃切削量。刃数较少时取偏大的值,刃数较多时取偏小的值。精加工时,一般取刃数多的刀具;粗加工时,一般取刃数少的刀具。

3)切削速度选择

根据已经选定的背吃刀量(切削深度)、进给量、刀具材料、切削材料和刀具耐用度等选择切削速度。切削速度常用公式为 $n = 1\ 000V_c/(\pi D)$,其中,n 为主轴转速,V_c 为切削线速度,D 为刀具直径。

高速钢刀具加工时,一般选择较小的切削速度,硬质合金刀具加工时,一般选择较大的切削速度。铝合金切削时,一般选择较大的切削速度,钛合金和高温合金等难加工材料切削时,一般选择较小的切削速度。

选择切削速度时,还应考虑以下几点:

(1)加工薄壁零件时,一般选择较小的切削速度;

(2)选择切削速度时,要避开自激振动的临界速度;

(3)断续切削时,为避免冲击需适当减小切削速度;

(4)精加工时,应尽量避免积屑瘤和鳞刺产生的区域。

9.2.3 MasterCAM 数控编程

MasterCAM 软件可以打开多种格式的模型文件,实现工步顺序规划、刀具路径规划、刀具路径生成、加工模拟仿真、数控加工程序生成等多项功能,是一款功能齐全的计算机辅助制造软件。上述盘类零件的 MasterCAM 软件仿真加工基本过程如下:

(1)将先前创建的三维模型导入新建的 MasterCAM 文件中。

(2)按"机器分组→属性→素材设置"菜单顺序将毛坯尺寸设置为 95 mm×95 mm×25 mm,如图 9-2 所示。

(3)新建刀具 T01~T06,如图 9-3 所示。

(4)粗铣 4 mm 凹台。粗铣 4 mm 凹台用到的加工选项是 2D 挖槽粗加工,使用 T01 刀具,设置刀具、切削参数、粗切、Z 分层参数、共同参数,具体操作过程如图 9-4~图 9-9 所示。在主菜单中依次单击刀具路径、曲面粗加工、挖槽粗加工命令,选取所有的加工面和边界,在对话框中单击刀具参数,选用 T01 刀具(5 mm 平底铣刀),设置相关粗加工参数、走刀方式等,确定后生成凹台加工路径。

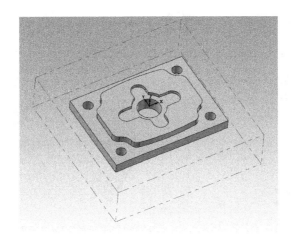

图 9-2　毛坯设置

刀具名称	刀柄名称	直径	刀角…	长度	刀刃数	类型
T01	—	5.0	0.0	25.0	4	平刀
T02	—	5.0	0.0	25.0	4	平刀
T03	—	13.0	0.0	65.0	2	钻头/…
T04	—	14.0	0.0	25.0	6	铰刀
T05	—	5.0	0.0	25.0	2	钻头/…
T06	—	6.0	0.0	25.0	6	铰刀

图 9-3　刀具分组

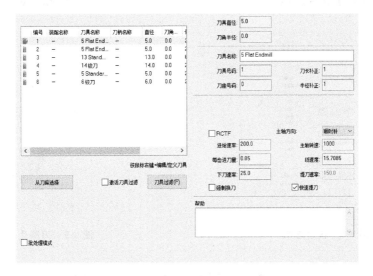

图 9-4　刀具选择

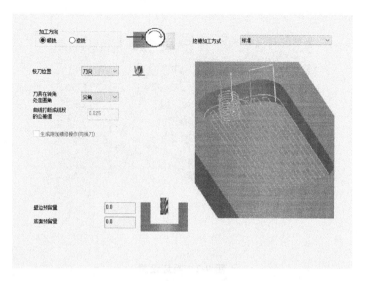

图 9-5　切削参数设置

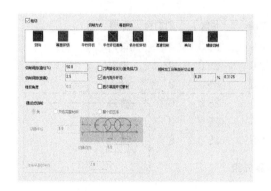

图 9-6　加工方式选择

图 9-7　切深设置

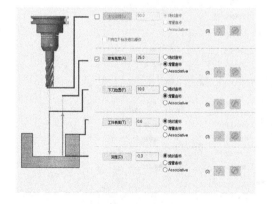

图 9-8　快速进给

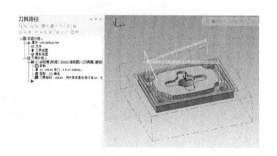

图 9-9　刀路生成

9.3　整体叶轮 UG 数控编程

整体叶轮是航空发动机和燃气轮机的关键零件,其加工精度和质量对产品的性能有着重要影响。如图 9-10 所示,以整体叶轮为数控加工对象,基于 UG NX 10.0 软件建立数控铣削 CAM 加工工艺路线,编制加工程序,生成数控代码。

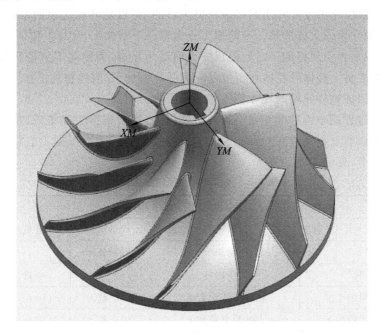

图 9-10　叶轮示意图

9.3.1　整体叶轮工艺路线分析

1. 整体叶轮结构特点

整体叶轮一般由大小叶片、轮毂、流道等部分组成。整体叶轮叶片由叶身、前后缘和叶根三个部分组成,其中叶片前后缘和叶根的加工较为复杂,这是因为叶片的空间几何尺寸较小。叶片一般为直纹面或者为符合空气动力学的自由曲面。对于可展开直纹面的加工,一般采用常规的数控加工方法,以提高加工效率,对于不可展开直纹面及自由曲面的加工,难以采用常规的数控加工方法。现阶段,企业一般采用多轴联动机床对整体叶轮进行数控铣削加工。

整体叶轮常常服役于极端恶劣工况下,一般采用钛合金、高温合金等比强度高、弹性模量小和形变较小的材料。这类零件的叶片属于复杂薄壁零件,流道较为狭窄,控制线面较多,在加工过程中对叶片表面粗糙度、光顺性和几何精度要求较高,导致其数控加工工艺复杂、编程难度较大。

2. 整体叶轮加工特点

航空发动机和燃气轮机的整体叶轮一般采用数控车进行轮毂加工,采用五轴联动数控加工中心进行流道和叶片铣削加工。整体叶轮的叶片与轮毂之间由圆角相连,叶片前后缘尺寸较小,易发生振动。具体来说,其加工特点可以描述为:

(1) 较长的叶片在加工时整体刚度较低,易发生颤振,表面质量难以控制;

(2) 叶片作为典型的复杂薄壁零件,在加工过程中易发生变形;

(3) 大小叶片存在扭角,叶片越多,流道的空间可达性越低,增大了编程难度;

(4) 叶片前后缘尺寸较小,且刀具在此位置存在刀轴转向过大问题,难以保证加工效率和加工精度；

（5）整体叶轮叶片一般为自由曲面，难以保证加工表面的一致性。

流道粗加工以快速去除叶片之间多余材料为目的，可以对叶轮流道的不同区域分别进行粗加工，从而得到叶轮的大致形状。半精加工分为轮毂半精加工、叶片半精加工和根部圆角半精加工，这一步骤是为了使粗加工之后的粗糙表面更为平滑，为精加工获得粗糙度较小、光顺度较好的表面做准备。整体叶轮精加工可以分为叶片精加工、流道精加工和根部圆角精加工，通过精加工可以保证整体叶轮的尺寸精度和表面质量。

为了使加工过程减小由基准变化引起的精度损失，通常根据工序集成、基准先行的原则，将整体叶轮数控铣削过程集成在一台五轴联动数控加工机床上。根据工艺路线，设计整体叶轮数控铣削工序卡，见表 9-2。

表 9-2　整体叶轮数控铣削工序卡

零件数控加工工序卡							
零件名称	图号	材料名称	材料状态	尺寸	设备型号	数量	备注
整体叶轮	××	钛合金	调制		五轴铣床		
序号	名称		工序内容		刀具	余量	NC 程序
1	流道粗加工		粗加工叶轮流道		R4 锥铣刀	1 mm	
2	主叶片半精加工		大叶片半精加工		R4 锥铣刀	0.25 mm	
3	分流叶片半精加工		小叶片半精加工		R4 锥铣刀	0.25 mm	
4	流道半精加工		半精加工流道		R4 锥铣刀	0.25 mm	
5	主叶片精加工		大叶片精加工		R2 锥铣刀	0	
6	分流叶片精加工		小叶片精加工		R2 锥铣刀	0	
7	流道精加工		精加工流道		R2 锥铣刀	0	
8	圆角精加工		精加工叶根圆角		R2 锥铣刀	0	
编制		批准		审核		日期	

9.3.2　整体叶轮 CAM 编程

将整体叶轮毛坯导入 UG NX 10.0 软件中，进入 CAM 加工模块，并打开工序导航器，如图 9-11 所示。

1. 整体叶轮粗加工

如图 9-12 所示，在 UG NX 10.0 中选择专业叶轮加工模块（mill_multi_blade），并创建叶轮粗加工工序（MULTI_BLADE_ROUGH），指定叶轮的几何特征。

点击确定后，弹出图 9-13 所示的界面，专业叶轮模块会根据指定的几何特征自动创建数控加工刀路。根据叶轮的几何特征，选择 8 mm 锥形球头铣刀以作为加工刀具，刀轴方向设置为自动或者插补矢量。然后设定切削工艺参数，切深设置为 1.5 mm，切宽设置为 1 mm，主轴转速设置为 4 000 r/min，切削进给设置为 1 500 mm/min，加工余量设置为 1 mm。

UG NX 10.0 开粗过程可选择的轴向分层方式有 3 种：从轮毂面偏置、从包覆面偏置和从包覆面插补至轮毂面。在整体叶轮加工中一般选择从包覆插补至轮毂面。在坐标系的选择

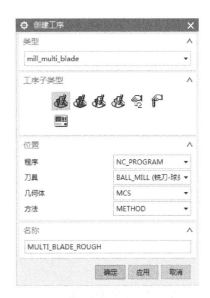

图 9-11 UG NX 10.0 CAM 加工模块导航器   图 9-12 UG NX 10.0 整体叶轮加工模块

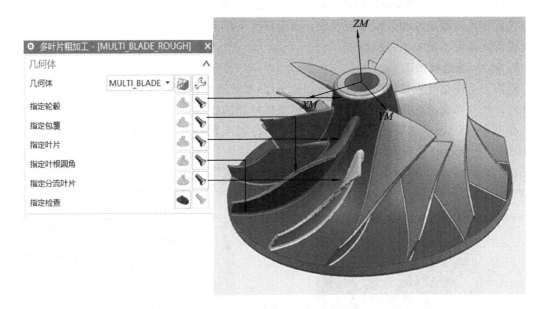

图 9-13 叶轮模块的几何特征指定

中,一般将整体叶轮中心孔的中心位置作为坐标原点,便于后处理设置和加工时对刀。对图 9-14 所示对话框中相关项进行设定之后,点击操作下拉菜单中的生成按钮,获得图 9-15 所示的叶轮叶片粗加工刀路。

2. 叶片、流道及根部圆角半精加工

半精加工是对粗加工之后的叶片表面、流道表面和叶根圆角进行平整,获得余量较为一致的表面,方便精加工工序,以获得符合产品设计要求的加工精度和质量。

选用专业叶轮加工模块中 BLADE_FINISH、HUB_FINISH 和 BLEND_FINISH 进行半精加工编程。选用合适的加工坐标系,一般与粗加工的一致。在位置下拉菜单中针对刀具进行选择,在此例中可以选择 4 mm 球头锥铣刀,在提高空间可达性的同时提高刀具刚度。

图 9-14　叶片粗加工相关设定

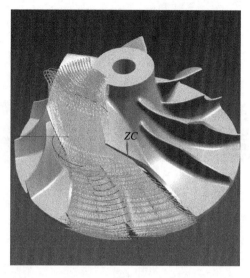

图 9-15　叶轮叶片粗加工刀路

　　在切削参数设置中对余量进行设置,为了保证精加工质量,一般将余量设定为 0.2~0.25 mm,同时设置相关切削速度和进给率等参数。点击操作下拉菜单中的生成按钮,获得大小叶片、流道及根部圆角处半精加工刀路轨迹。

3. 叶片、流道精加工

　　精加工工序是叶轮铣削加工的最后一个工序,加工后能获得尺寸精度合格、质量达标的整体叶轮。叶片和流道的精加工工序需要根据整体叶轮的技术要求选择刀路轨迹参数。

　　在 UG NX 10.0 软件中,依次选用专业叶轮加工模块中 BLADE_FINISH 和 HUB_FINISH 进行大小叶片和流道精加工工序的设置。将加工余量设置为 0,切削速度和进给速度按照加工需求进行设置,要获得符合设计要求的加工精度,在残余波峰高度设置中输入相关值,点击生成刀位轨迹。图 9-16、图 9-17 所示分别为小叶片和轮毂精加工。

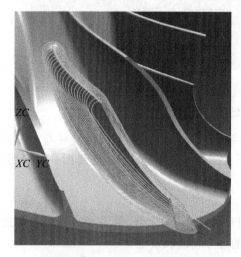

图 9-16　小叶片精加工

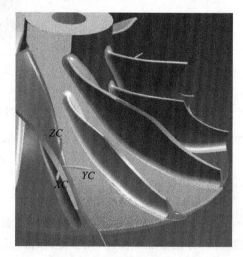

图 9-17　轮毂精加工

4. 圆角精加工

　　根部圆角精加工是将轮毂和叶片过渡位置连接光顺的重要工序,在根部圆角精加工时主要考虑圆角半径和刀具半径的大小。理论上,刀具圆角半径越小,加工效果越好,但在实际加工中由于刀具悬长固定,而刀具圆角半径越小,刚性就越低,不利于加工过程的稳定以及加工质量的提高,因此,在加工时选用刀具圆角半径略小于或者等于根部圆角半径的刀具。

在 UG NX 10.0 软件中,选用专业叶轮加工模块中 BLEND_FINISH 进行圆角精加工编程设置。本例中选用刀具圆角半径为 2 mm 球头锥铣刀进行圆角精加工,单击确定之后获得图 9-18 所示的刀位轨迹。

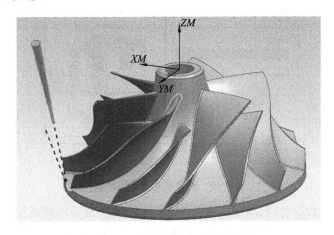

图 9-18　轮毂精加工刀位轨迹

9.3.3　后处理与 NC 代码生成

在整体叶轮刀路轨迹规划完成之后,刀位信息 CLS 文件直接生成,然而此类文件不能被五轴加工中心的数控系统识别,需要对其进行后处理操作,即将刀位信息 CLS 文件转换为数控系统能够识别的 NC 程序。后处理文件根据五轴联动数控机床旋转轴分配方式、行程参数、数控系统的指令格式等,使用 UG/Post Builder 专用后置处理构成器来生成。

以 MIKRON UCP800 五轴联动数控机床为例,首先对所获得的刀位轨迹文件进行后处理,然后转换为 MIKRON UCP800 五轴联动加工中心中 HEIDENHAIN iTNC530 数控系统能识别的 NC 代码。五轴联动加工中心的具体参数可通过机床手册得到。

首先打开 NX 10.0 目录下加工菜单中的后处理构造器,如图 9-19 所示。点击新建后处理器按钮,在弹出的对话框(见图 9-20)中输入新建的后处理名称,选择后处理输出单位为毫米,选择机床为铣、5 轴带双轮盘。

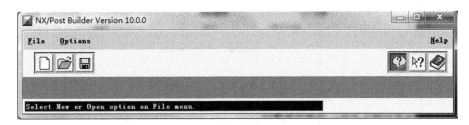

图 9-19　后处理构造器

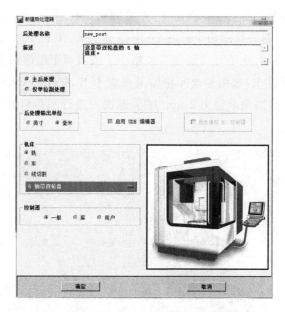

图 9-20　新建后处理器对话框

完成以上通用参数设置后,单击确定按钮,弹出图 9-21 所示的对话框,在机床选项中可以设置机床基本参数。在程序和刀轨选项(见图 9-22)中,可以设置与刀具路径及程序相关的参数。

在程序界面,可以设置程序起始序列、操作起始序列、刀轨、操作结束序列、程序结束序列。在 G 代码界面,可以设置控制机床运动的各类型 G 代码,包括快速运动(G00)、线性运动(G01)、圆弧插补(G02、G03)、刀具补偿(G40、G41、G42)等。在 M 代码界面,可以设置机床各种辅助代码,如停止/手工换刀(M00)、选项停止(M01)、程序结束(M02)、主轴关(M05)等。在文字汇总界面,可以定义文字的类型、符号、整数、小数、分数等。在文字排序界面,可以定义各类型代码在 NC 中的顺序,包含 G 代码、M 代码、各类型坐标轴的坐标等。在定制命令界面,可以设置用户自定义的后处理命令。在链接的后处理界面,可以将已存在的后处理程序链接到当前后处理中。

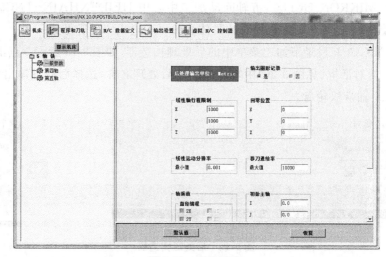

图 9-21　机床选项

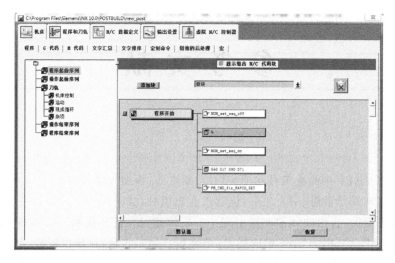

图 9-22　程序和刀轨选项

　　N/C 数据定义选项包含块、文字、格式和其他数据单元 4 个选项卡。块用于定义各种代码和操作的程序块;文字用于定义整个数控程序中出现的各种代码及其格式;格式用于定义包括坐标轴值、功能字代码、进给量代码在内的各种数据格式;其他数据单元用于定义程序的起始值、增量等。

　　输出设置选项包含列表文件、其他选项和后处理文件预览 3 个选项卡。在列表文件选项卡中可以设定 X-Y-Z 坐标值,以及各个轴和机床参数是否输出;在其他选项选项卡中可以设置是否分组、输出和显示错误信息等;在后处理文件预览选项卡中可以预览以上所设置的内容。

　　虚拟 N/C 控制器选项包含配置和 VNC 命令两个选项卡。选中生成虚拟 N/C 控制器(VNC)选项后,一个用于集成仿真与校验的文件由此生成。

　　关闭整个界面时会提示是否保存更改,选择"是"后进入选择许可证,点击确定后输出后处理文件。

　　在 UG NX 10.0 加工环境下,选中生成的刀路轨迹,在工序菜单中选择后处理器,弹出图 9-23 所示的对话框。选择新构建的后处理器,输入导出路径和输出文件名,点击确定即可获得机床加工时所需的 NC 代码。

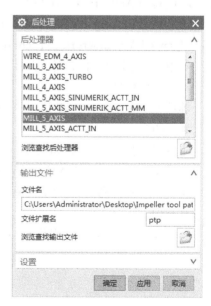

图 9-23　后处理对话框

参 考 文 献

[1] 高刚.智能 CAPP 中的决策技术研究[D].秦皇岛:燕山大学,2018.

[2] 成大先.机械设计手册[M].北京:化学工业出版社,2004.

[3] 沈俊华,史贵振.自由曲线曲面造型理论发展综述[J].信息技术,2013,37(03):184-188.

[4] 薛建彬.CAD/CAPP/CAM 集成技术(英文版)[M].北京:科学出版社,2017.

[5] "10000 个科学难题"制造科学编委会.10000 个科学难题:制造科学卷[M].北京:科学出版社,2018.

[6] 惠相君,马宇峰.基于 Mastercam 的整体叶轮加工技术研究[J].制造业自动化,2015,37(3):29-32.

[7] 李忠群,刘强.基于动力学仿真技术的 TC4 整体叶轮铣削参数优化[J].航空制造技术,2008(24):70-75.

[8] LI L,TANG H T,GUO S S,et al. Design and implementation of an integral design CAD system for plastic profile extrusion die[J]. The International Journal of Advanced Manufacturing Technology,2017,89:543-559.

[9] GUO Q,TANG H T,GUO S S,et al. An automatic assembly CAD system of plastic profile calibrating die based on feature recognition[J]. The International Journal of Advanced Manufacturing Technology,2016,85(9):2577-2587.

[10] 黄浪,郭顺生,唐红涛,等.基于 UG 的定型模工程图自动标注研究[J].图学学报,2016,37(5):639-647.

[11] 苏晓远.机械设计工程数据类型及其管理技术探求[J].科学技术创新,2017(33):106-107.

[12] 王齐成.过程驱动的知识集成、重用方法及其应用[D].上海:上海交通大学,2012.

[13] 王隆太.机械 CAD/CAM 技术[M].4 版.北京:机械工业出版社,2017.

[14] 何雪明,吴晓光,王宗才.机械 CAD/CAM 基础[M].2 版.武汉:华中科技大学出版社,2015.

[15] 杜平安,廖伟智,黄洁.现代 CAD 方法与技术[M].北京:清华大学出版社,2008.